相対性原理に拠る

相対性理論
Relativity

仲座 栄三
Eizo Nakaza

ボーダーインク

序

　アインシュタインによって世に生み出された相対性理論は，科学史に現れる物理学的思考の中でも最高の傑作として称賛されています．アインシュタインの原著論文（ドイツ語）は，例えば，内山龍雄訳・解説『アインシュタインの相対性理論』（岩波文庫）にその全容が解説と共に紹介されています．内山博士は，アインシュタインの相対性理論について，「このような素晴らしい財宝が作られた時代に幸運にも居合わせながら，その噂だけを耳にし，その中身のなんたるかをまったく知らずに過ごすとは，まことに残念である」と述べ，アインシュタインの相対性理論，特に特殊相対性理論を学ぶことを進めています．

　私自身も，アインシュタインの相対性理論を紹介する解説書からその内容を学ぶ度に，その思考の奥深さに驚嘆し，気づいてみると，繰り返し同じ章を読んでいるという日々が続きました．アインシュタインの特殊相対性理論は，そのほとんどが四則演算とルート演算からなります．したがって，式の展開だけなら，中学校で学ぶ程度の基礎智識を以て可能となっています．それにも係わらず，相対性理論に拘るたくさんの解説書で溢れる今日にあっても，その理解が困難であると言われるゆえんは，その本質が単なる数式の展開でなく，それら単純な数式に至る過程に，途切れることもなく現れる思考の必要性にあると思われます．

　私は，自らの経験に基づき，大学の学部学生や大学院生に対する

基礎科目として，そして特に教育職や研究職を目指す学生に対する必修基礎科目として，アインシュタインの特殊相対性理論を学ぶことを推奨すべきでないかと考えています．ここで，"学ぶ"という意味は，相対性理論そのものの理解ということよりもむしろ，アインシュタインの特殊相対性理論という論文を1つの教材として，その単純な式の1つ1つの導出過程に現れるアインシュタインやその時代に現れた偉大な物理学者の思考に触れ，科学的な思考法とはどういうものなのかを知ることにあると考えています．

自然科学では，しばしば神に仮託して説明が行われます．例えば，アインシュタインは，確率理論を以て説明される量子力学理論に対し，「決定に際し，神はサイコロを振らない」と量子論を揶揄しています．アインシュタインでさえ，物理学に神への仮託を行なっています．アインシュタインが無神論者であったというのなら，これは実に不用意な発言であったと言えます．

ピタゴラスは，万物の根源を「数」に求めました．数こそが，真理であり，普遍的なものと主張しています．しかしながら，その数は，例えば，ピタゴラスの定理を満たします．よって，数の存在の前に普遍的なものとして数の法則があったとも考えられます．神が数を世に現すに当たり，それらが満たさなければならない法則が先に存在したとの考えです．しかし，逆に数の存在の下に，神はそのような法則をも数に付与したのではないかとも想像されます．

万物の根源が，「水」や「火」などと求められる時代に，「数」と言い切る様には，人類の慧智の進歩を見ます．物質に万物の根源を求めることから始まった真理の探究は，いつの日か「多数決」すなわち物事の真理は不変的（絶対的）なものでなく相対的なものであるとする「相対的な価値判断」にたどり着きます．絶対的なものの

探究の先が，相対的なものへと変わっていく様には頭を悩ませます．デカルトは，ひたすらに悩んだ末に，「我思う故に我あり」と結んだと言われます．

ソクラテスは，真理の探究は，「無知の智」にあると説きました．知っているつもりが本当のところはその本質を知っていない．知っていないことに気付くことこそが真理の探究であるということです．多数決の原理が，容易に利害関係で片方に働いてしまうことは，これまでの多くの実例が示すことと言えます．

アインシュタインは，絶対静止の空間やそれに付随する絶対速度などというものが物理学に不要なものであるとし，運動している物体に対する簡単で矛盾のない電気力学に到達するには，「光速度不変の原理」と「相対性原理」の前提のみで十分であるとしています．アインシュタインは，万物の根源は，「光の不変性」にこそあると言っているのかもしれません．

しかし，アインシュタインが理論構築の前提とした2つの原理は，一方が物理現象の絶対性を主張し，他方は逆に相対性を主張する内容となっています．すなわち，両者の存在は，一見して互いに相矛盾する関係にあると言えます．光は電磁波の一種であるので，電磁現象に相対性原理が適用されるのなら，光の速度も含めて電磁現象の全てが，相対性原理に則って解釈されなければなりません．

そのような解釈の下に，本書は，アインシュタインが理論構築の前提として取り上げた「光速度不変の原理」を理論構築に不要のものとし，「相対性理論」は「相対性原理」のみを前提として構築されるべきものであると説きます．

神が最初に「光あれ（light be there!）」と言われたことで始まったとされる世の中で，「光」という存在が絶対的で不変的なものであっ

てほしいという思いは，当時の人々に少なからずあったものと想定されます．相対性理論を初めて提出した頃のアインシュタインは，確かに光速度不変の原理を必要としたことが想像できます．しかし，アインシュタインは，後にそうでないことに気づいていたのではないかと想像します．しかしそうであってもアインシュタインは，相対性理論によって帰結される光の速度の不変性を，相対性理論の頭上に冠するものとして，計画的に残しておいたのではなかろうかとも想像されます．

　絶対静止空間やエーテルの存在を信じる時代にあって，アインシュタインは，それらとの決別の証しとして，「光速度不変の原理」を打ち立てることがあえて必要であったのかもしれません．そして，アインシュタインの最も満足としたことは，相対性理論の構築ではなく，光の速度を普遍的なものとして位置づけたことにあったのではないかとさえ想像されます．

　計画的な予言者として，フェルマーの名を上げることができます．数学の大定理で知られるフェルマーは，ディオファントスの数学の本に学んだとされます．フェルマーはディオファントスの数学を伝える本を読み進める内に，いくつかの問題を見出しています．ひらめく度に，フェルマーはそれを本の余白に書き留めています．このひらめきのメモは，数学者に対する挑戦的な内容でもありました．「数学者よ，これらの問題の証明は容易である」と．対して，数学者らは，それらの問題を証明してみせるのでした．しかしながら，最も単純に思える1つの問題が証明されずに数百年間も残されました．その問題に対し，フェルマーは「完全なる証明を思いついたが，それを記すにはこの本の余白は十分でない」と書き記してありました．

この問題は，最初に述べたピタゴラスの定理から類推されるものでした．唯一残されたフェルマーの予想問題は，いつしかフェルマーの最終予想問題，あるいは大予想問題と呼ばれるようになります．1994年，フェルマーから約360年を経て，その問題はついに証明されます．その証明を与えたのは，プリンストン大学の教授でアンドリューワイズ（Andrew John Wiles）でした．彼の与えた証明は，フェルマーの時代には想定さえもされなかったような内容を含むものでした．数学者らは，数百年間にも亘ってフェルマーの計画に翻弄されることとなりましたが，その結末は新しい数学の創造という形に結実しています．

　アインシュタインによって導入された「光速度不変の原理」は，本書において理論の構築過程から取り払われ，相対性理論は「相対性原理」のみに拠って構築されるものであることが示されます．しかしながら，最終的に得られる相対性理論は，アインシュタインが与えたものと全く同じ形になります．興味のおもむくままに，アインシュタインの素顔について調べていくと，舌（べろ）を出し笑っているアインシュタインの写真にたどり着きました．その意味が何たるかは図り知れないが，その写真はアインシュタインの相対性理論に彼の何らかの計画が，あるいは何らかの意思が，潜んでいるのではなかろうかと思わせるものでありました．

　特殊相対性理論は，慣性系間に現れる相対速度の存在が，移動系内の空間や時間の収縮となって観測されることを示しています．アインシュタインの天才的な着想はその点に気付いたことにあったと言えます．重力や加速度の存在は空間と時間からなる4次元空間の曲率となって観測者に現れるとする一般相対性理論が構築されています．それによると，一定速度での並進運動の効果，重力や加速度

の効果は全て，リーマン幾何学を用い，4次元の空間の短縮や曲率として数学的に表現されます．

　我々が光を用いて空間と時間を定義している様は，神が最初に「光あれ」と言われたことから始まるという世の出現と同じ様にも見えます．そうした世界観から見れば，光の速度の不変性の下に相対性原理が存在し得るとも言えそうです．しかし，そうではありません．光速度不変の原理からは，相対性原理が生じることはありません．

　ニュートンは，「我，仮説を創らず」と述べ，直接，経験や実験によって確かめることのできるものが全てであると説いたとされます．これに対し，アインシュタインの相対性理論は，「我々が観測したり，直接経験したりする事を，そのまま正しいと判断してはならない場合がある」と主張し，我々の直接的経験を超えた世界に，力学的本質があることの例を示しています．

　このような学問の存在を知りつつ，それが何たるかを分からずにいる事は，真にもったいない．自然科学を志す者のみでなく，広く学問を志すものが，一度は触れておくべき財宝が，アインシュタインの相対性理論ではないかと思います．

　アインシュタインの原著論文の主要部分もそうであるように，本書のほとんど全ては，中学校で習う程度の数学力で理解できるようにしてあります．一部，そうでない箇所もありますが，そのような箇所を読み飛ばしたとしても全体的な理解には何ら差し支えありません．

　2011年3月11日，午後2時46分，東北地方で大地震が発生し，大津波によって甚大な被害が発生しました．この災害は，人類の築いたものの全てを破壊した様にあり，技術のみでなく科学というものを根底から問い直させるものとなっています．そのような状況下，

我々は，いま目にしている事の全てを，子々孫々に伝えなければならない義務を負わされていると言えます．

　文字通り，どん底からの復興が叫ばれています．オール1からの教師・宮本延春氏は，「人は，夢・目標があれば変われる」と述べています．彼は，どん底にあって，アインシュタインの相対性理論との出会いが自分を変えたと述べています．

　確かに，基礎科学の中でもアインシュタインの相対性理論は，人を引きつける魅力に満ちています．その理論を伝えるたくさんの書物があるにも拘わらず，ここにまた1つの書が出ます．しかし，本書が単に多くの中の1つとなるのではなく，このような時代にあって，若者に希望をもたらすような書となって欲しいと心から願うものです．

　本書を作成するに当たっては，琉球大学工学部　入部綱清助教・松原仁助教との議論が大変参考になりました．また，校正にあたっては，琉球大学　山田浩世特命助教，ボーダーインクの池宮紀子女史にご協力頂きました．ここに記し感謝の意を表します．また，終始支えられた家族（光子，海咲，海希，海香）に，心からありがとうと礼を述べたい．

仲座栄三
2011年7月11日

目　次

序

1章 相対性理論の誕生とそれまでの物理的世界観　1
1.1　相対性理論の変換式に現れる唯一の関数ルート（$\sqrt{\ }$）　1
1.2　速度の基準とニュートンの運動の法則の成立　2
1.3　相対論的考え方　4
1.4　想像されたエーテルの存在　7
1.5　マイケルソンとモーリーの実験　9
1.6　ローレンツの考えたエーテルの風圧による空間の収縮説　14
1.7　ポアンカレの主張　17

2章 ニュートン力学に対する相対性理論　22
2.1　慣性系　22
2.2　相対性原理　23
2.3　ガリレオの相対性理論　26
2.4　ニュートンの運動方程式のガリレオ変換　30

3章 相対性理論の構築　35
3.1　アインシュタインの相対性理論の概要　36
3.2　アインシュタインの光速度不変の原理に対する考察　41
3.3　時間の定義と離れた2点間における同時刻の定義　46
3.4　同時刻が成立しない場合における時計の修正法　48
3.5　マイケルソンとモーリーの実験の目的　50

3.6　地球上に静座する観測者の空間と時間　52

3.7　相対性原理の導入 53

3.8　地球上に静座する観測者の見る移動慣性系内の空間・時間・光の速さ　55

　1）地球人が遠隔的測量によって観測する移動慣性系内の移動方向の距離及び時間　57

　2）移動慣性系の移動方向と直交する方向に行われる測量　62

　3）地球からの遠隔測量によって移動系の移動方向に測られる移動系内の空間の長さ　67

3.9　相対性原理に基づく相対性理論の物理的考察　70

　1）マイケルソンとモーリーの実験結果に対する考察　70

　2）同時刻の係わる問題，ロケットを結ぶ赤い糸　73

　3）地表上で観測されるミューオン　77

　4）速度の合成　　79

　5）浦島太郎効果　80

　6）マクスウェルの電磁場理論の変換　82

　7）物質の質量とエネルギー　84

3.10　地球上から観測される移動慣性系及び加速度や重力を伴う系内の空間と時間　86

3.11　おわりにあたって　87

1 章　相対性理論の誕生とそれまでの物理的世界観

　本章では，アインシュタイン(Albert Einstein)の相対性理論が生み出されるまでの物理的世界観について，簡単に説明します．この書のほとんど全ての部分で，相対性理論とはアインシュタインの特殊相対性理論を意味します．一般相対性理論については3章の後半で取り扱いますが，その際にはそうであることの断りを付すことにします．

1.1　相対性理論の変換式に現れる唯一の関数ルート（$\sqrt{}$）

　アインシュタインの相対性理論は，そのほとんどが四則演算を以て表されています．そのような中にあって，特別な関数として現れるのがルート（$\sqrt{}$）という関数です．

　ピタゴラスは，直角三角形の3辺の関係に，現在ピタゴラスの定理と呼ばれている関係式を見出し，それが完全な形で証明できることを，人類の歴史の中で初めて発見したと言われています．この瞬間は，人類が数学公式を完全な形に証明でき，そしてそれが未来永劫その姿で存在し続けることを歴史に記した瞬間とも言えます．ピタゴラスはそのことの重要性を鑑み，牡牛100頭を神々に感謝の印として捧げたと伝えられています．

　ピタゴラスの定理は，我々にルートという関数あるいは演算の存在を示唆させます．人類史上最初に現れたピタゴラスの定理から，その存在が予見された"ルート"という関数が，アインシュタイン

の特殊相対性理論の変換則に唯一の関数として現れます.

アインシュタインの特殊相対性理論は,ルートと四則演算とを以てその殆どが説明されるため,数式の演繹過程は,中学校で学ぶレベルの知識を以て十分に理解可能と言えます.そのようなことから,相対性理論を理解することの本質は,単なる数式の演繹にあらず,例えば,時間とはどう定義されるものか?空間とはどう測られるものか?動いている系内の時や空間は静止系からいかように観測されるものであるか?等など,1つの式にたどり着くまでの思考過程にあると言えます.アインシュタインの相対性理論が,理系・文系を問わず,科学的思考法を学ぶための,最良の教材などと言われるゆえんがここにあると言えます.

ともあれ,人類による数学史の中で,最初に完全なる証明を以て世に現れたピタゴラスの定理が,今日,人類の慧知の最高の傑作と称賛されているアインシュタインの相対性理論に現れる様は,自然現象として現れる全てに,数学で記述できるある法則が存在し,神はその法則の下にこの世を作ったに違いなく,そしてその法則が数学を以て表されるとする,ピタゴラスの拠った万物根源の精神をよみがえらせるかにあります.

1.2 速度の基準とニュートンの運動の法則の成立

速度は,ある基準に対して測られます.例えば,ある物の速さが 5 km/h (時速5キロメーター)というのは,ある基準に対してその速さが 5 km/h となって移動していることを意味します.車の制限速度が 50 km/h というのは,静止していると考えている地表を基準として,それに対する速度ということになります.そのことの説明は,道路標識には書いてないのですが,私たちは,これが世間の認知す

る常識であると，暗黙裡に考えています．したがって，私の車の速さを隣の車に対して測り，「10 km/h 程度のスピードしかでていなかったので，制限速度違反にならない」と主張したとしても，私たちの常識では受け入れられないことになります．

　こうして速度とは，ある基準点に対しての速度であり，その基準点を定めてこそ意味のあるものとなります．多くの場合，私たちは速度の基準を一般に静止した地表に置いています．車のスピード，飛行機のスピード，船のスピード，歩く・走るスピード，遠くに飛行する人工衛星のスピード，そして天にある星の運行速度すらも，地表に対しての速度と考えており，特別な場合でない限りそのことは暗黙裡のものとしています．

　しかし，この宇宙のどこかに絶対静止点があり，そこを中心として全ての星が動いているものと想定すると，我々が暗黙裡として考える静止した地表も，その宇宙の中心に対して，ある速度を持って移動しているはずです．そうでなければ，地球は絶対的に不動となり，その他の星のみが動いているとする天動説の世界観が正当化されることになります．

　宇宙の中心にあって絶対静止の状態にあると想定される基準点に対し，地球がある速度で運動している姿を想像すると，我々がこれまで観測してきたものの全ての速度は，その静止した基準点に対しての速度として換算し直さなければならないものか？また，速度の定義をそのように置き直した場合であっても，ニュートンの運動の法則は正しく成立するものだろうか？などという疑問が浮かび上がります．

　おおよそ 2000 年の時を経て，天動説を地動説に創り替え，天の運行を神聖なる真円軌道から楕円軌道へと変更し，新しいパラダイム

を構築した人類は,「絶対的に静止していると想定される宇宙の中心に対して,我々の地球がどのような方向に,そしていかなるスピードを以て迷う星であるか」を解き明かすという壮大な課題に挑むことになります.そのような時代に,人類は,「宇宙の中心にあると想定される絶対静止点に対する地球の絶対速度は,いかなる現象にその片鱗を現わすものであり,それはいかなる方法で観測されるものであるか」を,大いに議論し始めたのでした.

1.3 相対論的考え方

速度は絶対的に静止した基準点に対するものでなければならないとする時代に,絶対的に静止していると想定される宇宙の中心に対して,我々の地球はいかような絶対速度でどこに向かうものであるか?そのことを明らかにした上で,速度の基準を絶対静止点に移した場合であってもニュートンの運動の法則が地表上で成立するものであるかどうかを調べることとなりました.

この問題を考えるに当たって,飛行機に乗って一定速度で飛んでいる状態を想定しましょう.

飛行機に乗っていて,うたた寝から覚めた私は,この飛行機が地上に対していかようなスピードで飛んでいるものかどうかなど全く気にもかけていません.そのような状況で,私は,暇つぶしに紙飛行機を作り,おもむろに飛ばしてみました.何回か紙飛行機を飛ばしているうちにふと,次のような事に気付くのでした.「私が飛ばすこの紙飛行機は,私が自宅でソファーに腰掛け,そこで飛ばす紙飛行機と全く同じ様子で飛んでいる」

地球に対して一定速度で飛行中の飛行機の中に座す私が飛ばす紙飛行機も,地球上の自宅でソファーに座り飛ばす紙飛行機も,全く

同じ状態に，同じスピードで飛んでいくように見える．ニュートンの運動の法則の存在を知っている私は，次のような素朴な疑問に頭を悩ませることになります．「飛行機の中で，いま私が考えているニュートンの運動の法則と，私が地表にいて，ソファーに静座しながら紙飛行機を飛ばしつつ考えるニュートンの運動の法則とには，何らの違いも無いのではなかろうか？」

ここで気付いた事こそが，ニュートンの運動の法則に対する相対性原理と言えます．ニュートンの運動の法則は，観測する者が自らの立場を静止していると考える場合（例えば，地球上の人が考える世界）であっても，また地球に対して一定速度で運動状態にある世界で，自分こそが静止の立場にあると考える場合であっても，いずれの場合にもまったく同様に成立するものであって，いずれの世界が絶対的に静止しているかどうかは問題になりません．いずれの場合にも，重要なことは，自分に対して目前の紙飛行機がいかような速度で飛んでいるかであり，観測者が座す飛行機の速度や地球の絶対速度などというものは，その系内の紙飛行機の運動にまったく係わるものでない，という相対論的なものの考え方に至ります．

このような相対論的立場に立つと，次のような考察が与えられます．

この宇宙空間内に慣性系として1つの星を考えます．この星の星人はその空間内のどこにあっても自由に座標軸を設定し，そこに設定される時間を以て，目前に現れる力学現象をニュートンの運動の法則で説明できます．そのような空間に対して一定速度で運動している星があるとき，飛行機の中で我々が行ったように，その星の星人は，あたかも自らの星が静止しているかに自覚し，任意に座標軸を設定，さらに時間を設定して，目前に見える全ての力学現象を，

ニュートンの運動の法則で説明できます.

そのようなことが成立するとき,無数にある星の星人たちは,それぞれに独立して自らの空間と時間を設定し,それぞれ独立して目前の力学現象をニュートンの運動の法則という共通の物理法則を以て説明することになります.したがって,全ての星に共通する普遍的なものは,ニュートンの運動の法則ということになります.

ある 1 つの星から他の星を眺めるとき,その星が観測者に対して一定速度で移動している場合,観測されているその速度が星間の相対速度となります. 1 つの星から他の星を眺めてみても,そこに現れるのは相対速度であり,その存在が想定された絶対速度というようなものは全く現れてきません.

観測者がいま静座している星から観測の対象としている星へと観測位置を乗り換えて,以前の星を観測したとき,観測者には以前とまったく同じ光景が観測されます.その時,乗り換えた星から観測される力学現象も以前とまったく同じものとして観測されます.また,そこに見られる全ての力学現象は,以前とまったく同様にニュートンの運動の法則で説明されます.すなわち, 2 つの星の内でいずれの星が静止しているものかどうかを判定しようとしても,それは無意味な企てとなります.

次に,ある 1 つの星に静座する観測者から,その観測者に対して一定速度で移動している星の系内に見られる力学現象を離れて観測するとき,いかような光景が観測されるものかについて考えます.

いま,地球という 1 つの星に対して一定速度 50km/s で移動する星があると想定します.このとき,その星の系内に観測されるある物体の速度が 70km/s と,地球から観測されたとします.この観測結果は,地球人に対しては正しい観測値となります.しかしながら,地

球人は，異星人に観測されるその物体の速度を，地球人が観測した値を以て 70km/s と判断してはなりません．70km/s という速度は，地球人が観測する速度であって，移動している星の星人に直接観測される速度を表すものではありません．

こうして相対速度の存在する星間では，力学的現象に系間の相対速度が必ず現れて観測されます．ただし，この場合であっても，絶対速度というような概念は，全くそれらの現象に姿を現すものではありません．今や我々は，このような事実を当然視しており，例えば，星人に対しては 20km/s が正しい速度であると答えます．

ここに速度の引き算として提示された 20km/s という速度は，いかような原則に基づくものでしょうか？ここで暗黙裡に導入されている原則が相対性原理であって，ガリレオの相対性原理と呼ばれるものです．ガリレオ変換については，第 2 章で詳しく説明されます．

一般の力学に対して，このように今では当たり前に考えていることが，電磁現象に対しては，まったく当てはまるものではありませんでした．ガリレオ変換では電磁現象を正しく説明できなかったのです．また，今からおおよそ 100 年前の時代にあっては，絶対静止空間やそれに付随する絶対速度という概念が，物理学に必要であると考えられていたのでした．

1.4 想像されたエーテルの存在

光は波の性質を持ちます．光が波の性質を持つことの現れは，光の屈折や回折現象に見られます．音波や水の波は，それを伝播させる媒質（空気や水）があってはじめて伝播可能であることから，光に対してもそれを伝播させる何らかの媒質が存在するに違いない．光はこの宇宙をいかなる方向にも一定速度で伝播していると想定さ

れるので，光を伝える媒質は我々の宇宙を隈なく埋め尽くしているに違いない．そして，その媒質は絶対静止の点をも満たすので，それは全ての点で静止状態にあるに違いない．光を伝えるこのような想定上の媒質を人々はエーテル（ether）と呼びました．

こうして，人々は地球が宇宙を隈なく満たすエーテルの海をさまよっているに違いないと考えるようになります．そうだとすると，大海原を突き進む船が海水の抵抗を受けるように，我々の地球は，このエーテルの風や風圧を受けているに違いない．このとき，地表から発射された光は，その進行方向に対して，エーテルの風の影響を受けて伝播速度が低下するに違いない．また，地球の進行方向に対して直交する方向に発射された光は，エーテルの風を受け地球の進行方向とは逆方向に押し流されるに違いないと考えるようになりした．

さらに，光の伝播速度がエーテルの風を受けて遅くなることや，エーテルの風に流されていく経路を調べることで，エーテルの風の速さを測定できるのではないかと考えるようになります．また，そのことが絶対静止点に対する地球の進行速度（すなわち，地球の絶対速度）を教えてくれのではないかと考えるに至ります．こうした推論と期待は，地球の絶対速度を測る方法の模索へと人々を駆り立てていくことになりました．

この壮大な思考実験を具現化し成功させた人は，人類の歴史の中で初めて地球の絶対速度を実測した者となり，また天にきらめく全ての星の絶対速度をもあまねく知らしめる者となる．人類が挑む野心的で一大スペクタクルな実験がこうして始められます．その実験に極めて精巧な実験技術を以て真っ向から挑んだのが，マイケルソン（A.A. Michelson）であり，特に，マイケルソンとモーリー（E.W.

Morley) によって行われた実験が有名となっています.

1.5 マイケルソンとモーリーの実験

人々を魅了し,そして物理学の歴史を飾るはずの一大スペクタクルな実験(マイケルソンとモーリーの実験)は,結論を先にいうのなら,その試みはことごとく失敗に終わっています.

その実験の中身とはいかようなもので,その結論とはどういうものであったのでしょうか?

1887年,マイケルソンとモーリーは,次のような実験装置で光の経路の違いによるわずかな時間の遅れを光の干渉縞の変化として観測し,その時間の遅れからエーテルの風の速さ(すなわち,地球の絶対速度)が観測可能と考えました.マイケルソンとモーリーの実験装置は,以下に述べるような考察に従うものでした.

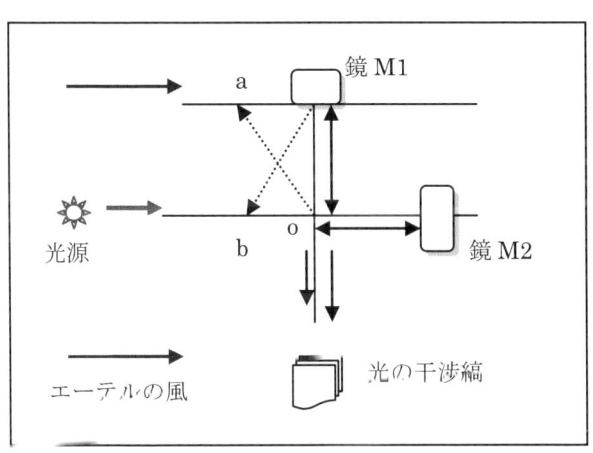

図-1 マイケルソンとモーリーの実験装置の概要

エーテルで満たされた宇宙空間内にあると想定される地球は，公転軌道上を一定の速さで移動している．正確には地球の移動速度は方向が軌道に従って変化するので，一方向に一定の速さで移動するような慣性系ではありません．しかし，ある短い時間で観測すると，一定方向に一定速度で移動している慣性系と見なすことも可能となります．

　以下においては，地球が一定速度で移動する様を考えます．図‐1においては，地球の移動方向を紙面の右から左の方向に設定してあります．したがって，地球が右から左に移動するとき，地球上に静止し，自らは絶対静止の状態にあると自覚している観測者には，地球は静止していて，エーテルの風が左から右に流れていると判断されることになります．

　図‐1に示すように，光源からエーテルの風の吹く方向に発射された光はエーテルの風に乗り，その伝播速度は速くなることになります．逆に，エーテルの風に向かって発射された光はエーテルの風の影響で，その伝播速度が低下するものと推測されます．

　静止したエーテルに対して静止した光源から発射される光そのものの伝播速度をCとすると，図‐1の原点Oから鏡M2に向けて進行する光は，エーテルの風で押し流され，その伝播速度は実験者である私に対して$C+v$となって観測されます．逆に，鏡M2から反射されて原点Oに向けて進行する光の伝播速度は，エーテルの風を受けて遅くなります．この時の光の伝播速度は，$C-v$となって観測されることになります．

　原点Oから鏡M1に向けて発射された光は，左から吹くエーテルの風を受けて右手方向に押し流されます．したがって，原点Oから鏡M1に光が正しく到達するためには，原点Oから直接鏡M1を狙

って光を発射するのでなく，それよりも少し左方向，すなわち点 a 方向に向けて発射しなければなりません．逆に，鏡 M1 から発射された光が原点 O に正確に到達するためには，光は鏡 M1 から点 O に向けて真っ直ぐに反射されるのではなく，それよりも左側にある点 b に向けて反射される必要があります．こうした工夫により，点 O からの距離が互いに等しい位置にある鏡 M1 や鏡 M2 に向けて発射された光が，それぞれの鏡で反射され再び点 O に集められた時，それぞれの経路の伝播に要した時間差が観測者には光の干渉縞となって観測されることになります．

以下に，光がそれぞれの経路をたどるのに要する時間の差を具体的に求めてみます．

点 O と鏡 M1 間の距離及び点 O と鏡 M2 間の距離は互いに等しく，それらの長さを共に L とします．このとき，光が点 O を出発し鏡 M2 を経て，再び点 O に到達するのに要した時間は，次のように計算されます．

光が行きに要した時間： $t_1 = \dfrac{L}{C+v}$ （１）

光が帰りに要した時間： $t_2 = \dfrac{L}{C-v}$ （２）

合計時間： $t = t_1 + t_2 = \dfrac{L}{C+v} + \dfrac{L}{C-v} = \dfrac{2CL}{C^2 - v^2}$ （３）

同様に，光が点 O を出発し鏡 M1 を経て，再び点 O に到達する時間は，次のように計算されます．

このとき，光が行きに要した時間と帰りに要した時間が同じであることについては，図から理解されます．ここで，それらを t'_1 及び t'_2 で表わします．

図より，光がエーテルに流された距離は vt'_1 で与えられます．また，光が斜めに進んだ距離は Ct'_1 で与えられます．このとき，直角三角形に対するピタゴラスの定理から次なる関係が与えられます．

$$(Ct'_1)^2 = (vt'_1)^2 + L^2 \qquad (4)$$

これより $(C^2 - v^2){t'_1}^2 = L^2$ となって，光が行きに要した時間（すなわち，光が帰りに要した時間）が，次のように与えられます．

$$t'_1 = t'_2 = \frac{L}{\sqrt{C^2 - v^2}} \qquad (5)$$

また，合計時間が次のように与えられます．

$$t' = 2t'_1 = \frac{2L}{\sqrt{C^2 - v^2}} \qquad (6)$$

したがって，異なる2つの経路を伝播したそれぞれの光の到達時間の差が，次のように与えられます．

$$\Delta t = t' - t = \frac{2L}{\sqrt{C^2 - v^2}} - \frac{2CL}{C^2 - v^2} \qquad (7)$$

すなわち

$$\Delta t = \frac{2CL}{C^2 - v^2}\left(\sqrt{1 - v^2/C^2} - 1\right) \approx \frac{L}{C}\left(\frac{v}{C}\right)^2 \qquad (8)$$

この式の誘導では，$\sqrt{1 - v^2/C^2} \approx 1 - 1/2 \, v^2/C^2$ となる近似が用いられています．

L/C は，地球が絶対静止していると想定する場合に，光が光源から鏡に到達する時間を表します．したがって，最終的に得られた時間差 Δt は，2つの経路を伝播した光の時間差が，地球の移動速度 v

と光の速さ C の比の 2 乗程度の微小なずれとなって観測されることを示しています.このずれは極めて小さいものであるものの,実験装置の精度からは観測可能で,その効果が光の干渉縞あるいはその変化となって観測されると予言されました.

しかしながら,マイケルソンとモーリーの実験の試みは,予想に反し,ことごとく失敗に終りました.時間差を示すような干渉縞の有意な変化は,何ら観測されませんでした.

当然ながら,結果に対し実験装置の精度への疑義が真っ先に投じられました.しかし,装置の精度の十分さを理解できる物理学者はその疑いを捨て,その他の理由を模索し始めます.理由として上げられた主なものは,以下のとおりです.

1) エーテルは存在するが,地表面付近のエーテルは地球に引きずられ,地球と同じスピードで移動している.したがって,エーテルの風は地球上で吹いていることにはならない.よって,時間差は生じ得ない.
2) エーテルの風圧により空間に収縮が生じる.その結果として,時間差は観測されない.
3) 光速度はエーテルの存在に無関係に元来一定である.よって,時間差は観測されない.また,その前提の下に得られる相対性理論から,そのような仮定の妥当性が示される.

上記理由の 2) を挙げたのは,ローレンツ (Hendrik Antoon Lorentz) でした.しかし,全ての物体がそれぞれ等しい風圧下で一様に収縮すると仮定することには,物質の弾性という性質から考えて矛盾がありました.物質は固い材料もあれば柔らかい材料もある.したがって,全ての物体に一定の風圧(エーテルの圧力)が作用するのな

ら，物質はそれぞれの固さに応じて，いろいろな長さの収縮を見せるはずです．そのような所に，ローレンツの主張の矛盾点がありました．

　これに対し，アインシュタインは，エーテルの存在に否定的で，3）の立場を主張します．以降，アインシュタインの相対性理論の出現を以て，マイケルソンとモーリーの実験結果は説明されたと考えられるようになって行きます．

　アインシュタインは，エーテルの存在の有無とは無関係に，光というものの伝播速度は元来的に一定値を取り不変であるとし，マイケルソンとモーリーの実験結果はそのことの実験的証明であると捉え，相対性理論の構築の前提として「光速度不変の原理」を導入するに至ります．

　しかしながらよく考えてみると，アインシュタインの主張は，「光速度の不変性」を前提条件に相対性理論を構築し，それを以て，光速度に時間差が現れなかったとするマイケルソンとモーリーの実験結果を説明するものとなっています．すなわち，本来説明すべき「光速度の不変性」が，理論構築の前提として取り上げられており，本末転倒な説明になっていると言えます．

　ニュートン力学のみならず，電磁現象に対しても，相対性原理が成立するのなら，そのことを以てマイケルソンとモーリーの実験結果も説明されなければなりません．すなわち，「地球上で光の速度差が観測されないとする実験事実」は，相対性原理によって保証されるものでなければなりません．このことが本書の主張でもあります．

1.6　ローレンツの考えたエーテルの風圧による空間の収縮説

　マイケルソンとモーリーの実験の失敗の理由として与えられた説

明の内でも，ローレンツの与えた空間の収縮仮説は，エーテルの存在を信じる立場からはいかにももっともらしい説明でした．しかし，空間が一様に収縮するという効果は，我々の感覚に具体的に引っかからないという所に，最大の難点がありました．このことについて，以下に若干の考察を加えておくことにします．

ローレンツの主張は，以下のように説明できます．

もし，時間差が感知されなかったとなると，マイケルソンとモーリーの実験の前提となった時間差の理論的予測値，すなわち式（7）で与えられる時間差は，ゼロということになるので，結果として，次なる関係を得ます．

$$t' = t = \frac{2L_y}{\sqrt{C^2 - v^2}} = \frac{2CL_x}{C^2 - v^2} \qquad (9)$$

ここに，L_y は点 O から鏡 M1 までの距離，L_x は点 O から鏡 M2 までの距離を表します．

当初，実験者に対しては，$L_x = L_y = L$ となっています．しかし，ローレンツは，エーテルの風の吹く方向に，空間はエーテルの風圧で縮むと考えました．この場合，$L_x \neq L_y$ であることが許されます．式（9）が成立するためには，縦方向の長さと横方向の長さの比が，次のように与えられる必要があります．

$$L_x / L_y = \frac{\sqrt{C^2 - v^2}}{C} = \sqrt{1 - \frac{v^2}{C^2}} \qquad (10)$$

エーテルの影響で横方向の長さと縦方向の長さの比が，式（10）で表わされるように変化する．これがローレンツの説明でした．

ローレンツの収縮仮説の提示により，マイケルソンとモーリーの

実験結果は,「単なる失敗と化した実験」ではなくなり,エーテルの風圧で進行方向に物の長さが縮むという,人類がこれまで想定したことのない問題提起を派生させた極めて重要な実験の1つと考えられるようになりました.

　ローレンツの収縮仮説は,当時もっともらしい説明であったものの,エーテルの影響により空間や物質が収縮するとする考え方は,受け入れ難い問題点を持つものでした.それは,全ての物質が風圧を受けて収縮すると考えるなら,この宇宙には様々な性質を持つ物質があり,特に弾性係数(物の硬さの程度を表す物理量)がそれぞれに異なる物質がある.それにも係わらず全ての物質の収縮が,一様に相対速度のみに依存すると想定しなければならない所に,大きな問題点がありました.このような問いに対し,ローレンツは,全ての物質はエーテルに対して普遍的な収縮効果を持つ,とする説明を与えましたが,当然ながらその説明には無理がありました.

　先に結果のみを記すと,ローレンツの与えた収縮説は,電磁現象に対する変換則として,次のような関係式を与えるものでした.

$$t' = \frac{1}{\sqrt{1 - v^2/C^2}} \left(t - \frac{vx}{C^2} \right) \tag{11}$$

$$x' = \frac{1}{\sqrt{1 - v^2/C^2}} (x - vt) \tag{12}$$

$$y' = y \tag{13}$$

$$z' = z \tag{14}$$

ここで,ダッシュのついている変数は,地球上に地球人が設定し

ている時間や空間座標を表します．これに対し，ダッシュのついていない変数は，絶対静止空間内に設定される時間や空間座標を表します．また，Cは光の速さであり，vは地球の絶対速度を表します．これらの式の詳しい説明は，第 3 章にて行うこととし，ここでは式形のみを示すことにします．

1.7 ポアンカレの主張

　大数学者としてその名をはせるフランスのアンリ・ポアンカレ（Jules-Henri Poincaré）は，ポアンカレの大予想問題の提唱者としても有名です．ポアンカレの大予想問題とは，例えば次のように説明されます．

　ロケットに無限に長いロープの一端を縛り付け，他端を地球に縛りつけた後，ロケットが宇宙に向けて地球を出発するとします．そのロケットは，ロープを付けたまま，縦横無尽に宇宙を隅から隅まで旅を続け，地球に戻ったとします．その後，宇宙に旅の形跡として残してきた長いロープをたぐり寄せます．この時，地球に縛りつけたロープの端はそのままにします．ロープが宇宙の何らにも引っかからず，全てのロープをたぐり寄せられたならば，この宇宙の形はおおよそ丸い形をしていると予想できる．

　1904 年に発表されたこのポアンカレの大予想問題は，その提示後，難攻不落の大予想問題として 100 年にもまたがり未証明のままにありました．しかし，2002 年，ロシアの数学者グリゴリ・ペレルマン（Grigory Yakovlevich Perelman）博士によって，この大予想問題は完全な形で証明されました．証明された大予想問題は，ポアンカレの大定理として格上げされ，数学の歴史に普遍的な存在として位置付けられています．

さて，その大予想問題を与えた，大数学者ポアンカレは，これまでの物理学におけるエーテルの大論争に哲学的な観点から参入しました．ポアンカレの主張はおおよそ以下のようなものでした．
(アインシュタイン相対性理論の誕生，安孫子誠也著，講談社現代新書より部分抜粋．)

(ア) 絶対空間はありえない．我々が感知できるのは相対運動のみである．ところが，たいていの場合，あたかも絶対空間があるかのように，力学的事実はそれに関連づけられている．絶対時間はありえない．2つの時間間隔が等しいといったとしても，その言明は何の意味ももたない．それが意味を獲得するのは，そう規約することによってだけなのである．

(イ) 2つの時間間隔どうしの同等性について直接的な洞察がありえないばかりでなく，2つの異なった場所で生じる出来事どうしの同時性についても直接的な洞察はあり得ない．このことはすでに「時間の測定」と題する論文で論じておいた．

(ウ) ユークリッド幾何学それ自体ですら，言葉づかいの規約にすぎないのではなかろうか？力学的事実は，非ユークリッド空間に完全に関連づけて述べることもできるだろう．非ユークリッド空間は多少不便なものであるが，通常の空間と同程度に正当なものなのだ．

(エ) どのような系の運動も，固定された座標軸から見ても，一直線上で一様な運動する座標系から見ても，同じ法則に従わねばならない．これが相対運動の原理であり，次の2つの理由によって我々に強いられるものである．極めてありふれた実験でもそれを立証するし，これに反する仮定を置くことは極めて理性に反している．

(オ) ある天文学者が私に，彼がいま望遠鏡でちょうど観測したばかりの天体現象は，実は50年前に生じたものだと言ったとしよう．・・・私は彼に，なぜそれが分かるのか，つまり，どうやって光速度を測ったか，と尋ねる．「ところが」彼は，最初から，光速度は一定であり，その速度はどの方向へ向かっても変わらない，と仮定していたのである．これは一つの要請なのであって，それは光速度の測定に不可欠な要請でもある．すなわち，この要請を直接的な実験によって立証することは，もともと不可能な事柄である．

(カ) 光学的または電気的現象が地球運動の影響を受けることが，発見されたものと仮定してみよう．もしそうなると，それらの現象は，物体どうしの相対運動だけでなく，それらの物体の絶対運動と思われるものを顕在化させていることになる．その場合に，その絶対運動は空虚な空間に対する変位ではありえないので，エーテルが存在せねばならないことになってしまう．いつかは，それが実現されるのだろうか？私はそうは思わない．その理由を説明しょう・・・

(キ) 「マイケルソンの実験を説明するという」 この仕事は容易なものでなく，ローレンツがそれを成し遂げたとしても，それは仮説を積み上げることによってであった．もっとも天才的な着想は局所時の考えだった．「AとBという2つの場所にいる」2人の観測者が光学的な信号を用いて彼らの時計を合わせる場合を考えよう．彼らは信号を交換するが，光の伝達がなされるのは瞬間的にできないことを知っているので，その交換を注意深く行う．

(ク)　「光信号で調整された」2つの時計が合っているといえるのは，「一方の時計の」遅れが「光信号の」伝達に要する時間間隔に一致する場合だけである．このとき2つの時計は同じ物理的瞬間に同じ時刻を示すが，それはAとBが空間に固定されているという条件においてのみである．そうでない場合は，伝達に要する時間間隔は「行きと帰りで」同じではなくなる．たとえば，AはBから発せられた光学的擾乱へと向かって進み，一方BはAから発せられる擾乱から遠ざかってゆく．すると，このようにして合わされた2つの時計は真の時刻を示すのではなく，いわゆる局所時を示すことになる．

(ケ)　したがって，その一方は他方よりもゆっくり進むことになる．全ての現象は，たとえばAにおいて，遅れて生じ，しかもどれも皆おなじだけ遅れる．それを確認しようとする観測者は，彼の時計もやはり遅れているので，それを知覚することはできない．したがって，相対性原理に合致して，彼には自分が静止しているのか絶対運動しているのかを判断する手段をもたないのである．

(コ)　「物体の質量がその速度に依存するという」これらの結果からは，全く新しい力学が発生する．それは，絶対零度以下の温度が存在しないのと同じように，光速度を超える速度が存在しないという事実によって特徴づけられる．というのは，物体は，それを加速しようとする原因に対して，増大してゆく慣性「質量」で対抗し，その慣性「質量」は物体が光速度に近づくにつれて無限大になってゆくからである．運動している観測者が，自分の見かけ上の速度が光速度を超えると感じていることはないであろう．なぜなら，もしそうならば矛盾を来たすからで

ある.というのは,この観測者が使う時計は,固定された観測者が使う時計とは違って,「局所時」を刻んでいるからである.

ここに紹介するポアンカレの主張は時間というものの定義について深い反省を促しており,アインシュタインが具現化したとされる相対性理論のほとんどを予測しているように思えます.その意味において,これらの主張もまた,相対性理論におけるポアンカレの大予想と呼ぶにふさわしいものと言えるのかもしれません.ここに紹介したのは,安孫子誠也(アインシュタイン相対性理論の誕生,講談社現代新書)の一部抜粋です.その全容は,ぜひ原書にて確認されることをお勧めいたします.

2章　ニュートン力学に対する相対性理論

　本章ではニュートン力学に対する相対性理論について説明します．アインシュタインの相対性理論を説明することにおいて，ニュートン力学に対する相対性理論は，これまでのところそれほど重要な位置を占めることはなかったと思われます．しかし，本書では，アインシュタインの相対性理論を構築する上で，ニュートン力学に対する相対性理論を説明しておくことが，対比的にも必要と考え，その説明を以下に行います．

2.1　慣性系

　これまでに静止系や移動系という言葉がでてきました．ここでいう"系"とは，観測者のいる世界を意味し，観測者が設定した空間を表すための座標，観測者が設定した時間，そしてそれら座標と時間を以て観測者に観測される物の全てをひとまとめに"系"と呼んでいます．したがって，自らは静止していると自覚している観測者が設定する空間や時間を以て測られる世界は，静止系と呼ばれます．それに対し，静止系から観測して，相対的に動いているものと判断される世界は，移動系と呼ばれます．慣性系とは，そのような系の中でも，ニュートンの運動の法則が成立している系のことで，静止系あるいは一定速度で移動している系のことを意味します．以後，移動している慣性系を移動慣性系あるいは単に移動系と呼ぶことにします．

2.2 相対性原理

図‑1に示すように,異なる2つの系K及びkが存在し,それらのいずれの系内でも物質の運動がニュートンの運動の法則に従うものと仮定します.このとき,それら2つの系はいずれも慣性系を成します.

いま,系K及び系k内のそれぞれの座標軸の原点に,観測者A及びBがそれぞれ静座しているとき,観測者Bの系kが観測者Aに対して,一定速度vで移動している場合を想定することにします.

そのようなとき,ニュートンの運動の法則で規定される一般力学,すなわちニュートン力学に対する「相対性原理」とは,以下のように定義されます.

異なる2つの慣性系K及びk内に静座する観測者A及びBが,それぞれ互いの立場を入れ替えて系内の物の運動を観測したとき,

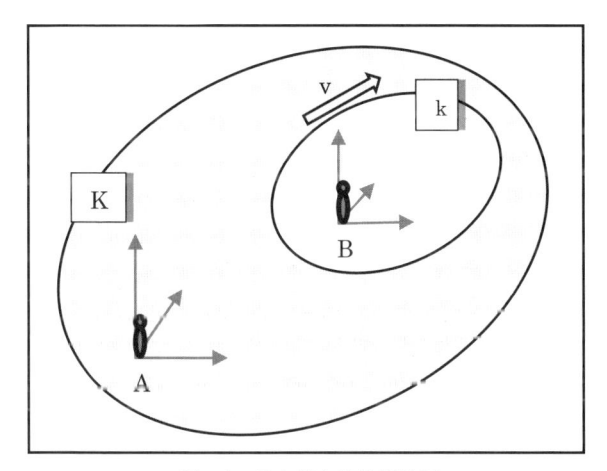

図‑1 静止系と移動慣性系

それぞれの観測者の目前には，以前の系内に観測された現象とまったく同じものが観測されます．さらに，その系内から以前いた系内の様子を観察する時，そこには互いの系間に存在する相対速度 v が現れて観察されます．

そして，両系の観測者がそれぞれに観測した観測データを持ち寄り，両者の系の内でいずれが絶対的に静止しているものかを判定しようとしても，そのようなことは不可能となります．また，それらいずれの系内においても，ニュートンの運動の法則に支配される現象の説明に系の絶対速度というようなものは一切必要とされません．すなわち，ニュートンの運動の法則が成立するような物理学に，絶対静止空間や絶対速度という概念はまったく不必要となります．このようなことが成立することを，ニュートン力学に対する「相対性原理」と呼びます．

相対性原理が成立するとき，1つの系の空間や時間を以て観測されている他の移動系内の運動を，その移動系内の空間や時間を用いた運動として記述するための変換則は，「ガリレオの変換則」あるいは単に「ガリレオ変換」と呼ばれ，その変換則を用いて説明される理論が，「ガリレオの相対性理論」と呼ばれます．

いま，ニュートンの運動の法則が成立しているような2つの慣性系があると仮定し，それらの系内で観測者がある物理現象を観測していると仮定します．そして，仮に観測している現象が光など電磁現象であるとき，両系内の観測者が互いに観測位置を入れ替えたとしても，観測者は以前の系で観測されたものとまったく同じ電磁現象を観測します．同時に，そこから以前いた系の電磁現象を観測すると，そこには系間に存在する相対速度が現れて観測されます．両系内の観測者が再び互いに観測位置を入れ替えたとしても，両者に

は以前と全く同じ現象が観測され，両者のうちでいずれが絶対的に静止した系内にいるものであるかは，両者に観測される電磁現象からは判定不可能であるということが，電磁現象に対する相対性原理となります．

したがって，電磁現象に対して相対性原理を持ち出すとき，両系内では電磁現象がそれぞれまったく同じものとして，それぞれの系内の観測者に観測されていなければなりません．このことは，光の速度がいずれの系内でもまったく同じであることを必然的に要求します．すなわち，光の速度がいずれの系でも同一なものであることの要請は，相対性原理そのものと言えます．このようなとき，相対性原理とは別に導入されたアインシュタインの「光速度不変の原理」というものは，「相対性理論」の構築に不必要なものとなります．

このように定義される相対性原理によると，ある1つの慣性系から，それに対して一定速度で移動している系内の電磁現象を観測すると，そこには両系間の相対速度が現れて観測されます．したがって，ある慣性系 K に対して相対速度 v を持つ移動慣性系 k 内の電磁現象は，慣性系 K から観測するとき，電磁波の伝播速度が $C+v$ あるいは $C-v$ となって観測されることになります．

しかしながら，慣性系 K 内の観測者 A によってそのように変化して見える移動系 k 内の光は，移動系内の観測者 B 自身には，観測者 A がその系で観測するように，光の速度は等方的で一定値 C と観測されます．このような両者の違いを正しく一致した見解とするものが，相対性理論としての変換則となります．

2.3 ガリレオの相対性理論

相対性原理を思考実験という方法によって議論したのはガリレオと言われています．そのため，例えば陸地に静座し自らの系は静止していると想定する観測者に対しても，また陸地に対して一定速度で移動している船上の観測者に対しても，ニュートンの運動の法則がまったく同じように成立することは，ガリレオの思考実験にちなみ，ガリレオの相対性原理と呼ばれています．また，ある静止系内で設定される座標や時間と，それに対して一定速度で移動する移動系内に設定される座標や時間との関係は，ガリレオの変換則と呼ばれます．

ガリレオの変換則とは何か？そのことについて以下に説明します．

今，座標軸 $x-y$ で表わされる慣性系と座標軸 $x'-y'$ で表わされる慣性系があり，それらが時間 $t=0$ で，x 軸と x' 軸，y 軸と y' 軸とをそれぞれ互いに完全に一致させて（重ねた形で）静止している場合を想定します．これらの2つの系における座標や時間，あるいはその他の物理量の違いは，上付きダッシュの有無によって分けることにします．

次に，上記の状態から，私の座標系（これを $x-y$ 系あるは静止系と呼ぶ）に対して，座標軸 $x'-y'$ の系（これを $x'-y'$ 系あるは移動系と呼ぶ）が x 軸の正の方向に，一定速度 v で遠ざかる場合を想定します．図 - 2 に，私から一定速度で遠ざかる移動系内の世界を楕円内の網掛の部分で表わします．

こうした条件設定の下で，座標 $x-y$ 系の座標原点 O に座す私（観測者A）は，自らは静止しており，相手の系が一定速度 v で私から遠ざかりつつあると観察します．一方，私から移動系と判断されている系内の座標原点 O' に座す観測者 A' は，逆に自らが静止してお

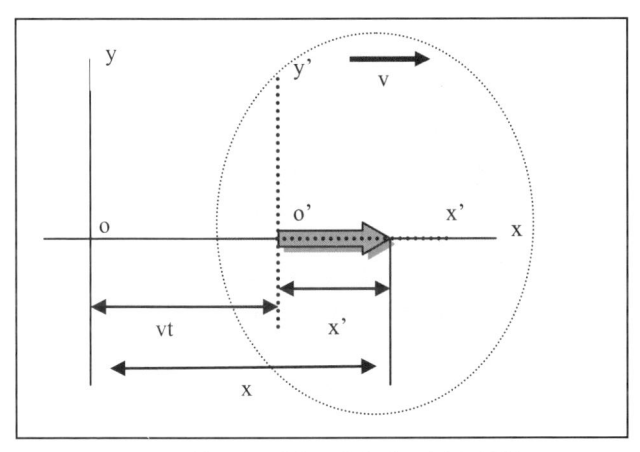

図 - 2　静止系の座標と移動系の座標の関係

り，x'軸の負の方向に私（観測者A）の系が，一定の速さvで遠ざかりつつあると観察します．このようなとき，お互いの立場を入れ替えても，そこに観察される現象は以前とまったく同じように見えます．このことは，相対性理論を構築する上での大前提であり，相対性原理と呼ばれることはすでに説明しました．

ここで，移動系内のロケット（点 O'に始点を持つ矢印で表わす）が，x軸の正の方向に移動系と共に私から一定速度vで遠ざかる場合を想定します．ロケットの移動方向とそのスピードは，移動系の座標軸x'-y'のそれらと全く同じなので，静止系にいる私（観測者A）は，移動座標系内にいる観測者（観測者 A'）がその系内に観察する様子を次のように推測します．

「ロケットは移動系の観測者A'の目前に静止している」「観測者A'に観測されるロケットの長さは，静止系にいる私（観測者A）が目前に静止している同型のロケットを測った場合の長さと全く同じで

ある」

　いま,ロケットは水平方向に寝ているが,それを垂直方向に立てた場合であっても,観測者A'に観測されるロケットの長さは静止系にいる私(観測者A)に観測されている長さと全く同じものと推測されます.さらに,時間についても,「静止している私(観測者A)の時計とロケット内のパイロットの時計や移動系内の観測者 A' の示す時間とはまったく同じであろう」と推測されます.

　以上のような状況下において,移動系内のロケットが噴射し,ある一定速度に達した.そのとき,そのロケットの速度が,静止系にいる私から u となって観測された.そのとき,移動慣性系内の観測者に,そのロケットの速さはいかような速度となって観測されていなければならないか?その問いに答えるのがニュートン力学に対する相対性原理であり,ガリレオの変換則ということになります.

　以下にガリレオの変換則を導くことにします.

　まずは,図‐2に示す状態について考えます.私から一定速度 v で遠ざかるロケットの先端と私との距離を,ロケットの出発後 t 秒経った時に x と測定するとき,移動系内の点 O' に静座し自らを静止していると自覚している観測者 A' は,目前に静止して見えるロケットの先端までの距離を x' と測定します.

　この時,静止系内で静座している私(観測者A)が測定するロケットの先端までの距離 x と,移動系内で自らは静止していると自覚している観測者(A')が測る距離 x' との関係は,図‐2に従い,以下のような関係式で表わされます.

$$x = vt + x' \tag{1}$$

あるいは

$$x' = x - vt \tag{2}$$

したがって静止系にいる私（観測者 A）は，移動系と共に移動するロケットの長さを，次のように測定することになります．

$$L = x' = x - vt \tag{3}$$

ロケットの発射の瞬間（すなわち，$t=0$ において），ロケットの長さは次のように測定されます．

$$L = x = x' \tag{4}$$

このように，静止系の私が，私に対して一定速度 v で移動する系内に静座する観測者を取り巻く空間 x' や時間 t' を推測し，それらと私の空間の値 x や時刻 t との対応関係を見出すことが，相対性原理に基づく変換則を成します．

以上の議論は，以下のようにまとめられます．

静止系の私が観測する空間や時間は，座標 (x, y) 及び時間 t を以て測定されます．私が，そのような量を以て移動系内に観測する空間や時間は，移動系内の座標の原点に静座し，自らは静止している考える観測者の測定する空間 (x', y') や時間 t' と次のように結ばれます．

$$x' = x - vt \tag{5}$$
$$x' = y \tag{6}$$
$$t' = t \tag{7}$$

静止系内に静座する観測者に観測される空間や時間と，移動慣性系内に静止している観測者によって観測される空間や時間の関係が，式（5）〜（7）で表わされる時，それらの変換はガリレオ変換と呼ばれます．

移動系内に静止していたロケットが，ある時間 $t = t_1$ に噴射し，ロケットの速度が一定速度に達したとき，静止系の私から移動系内のロケットの速度が u として観測されたとします．そのようなとき，

私は，ロケットの速度の観測値 u を，そのまま移動系の観測者に観測されるロケットの速度と見なしてはいけません．ロケットの速さが移動系内の観測者にいかように観測されるものであるかは，ガリレオ変換に則って決定されます．

式（5）の時間微分から，次の関係式が与えられます．

$$v' = u - v \quad (\because u = dx/dt, v' = dx'/dt') \tag{8}$$

すなわち

$$u = v + v' \tag{9}$$

ここに，v は系間の相対速度，v' は移動系内の観測者が自らの系内に直接測るロケットの速度，u は私に観測される移動系内のロケットの速度を表します．

式（9）に示す関係式は，ガリレオの相対性理論における速度の合成則と呼ばれます．

式（9）に示すように，静止系にいる私が移動慣性系内の力学的現象を観測すると，その速さには必ず移動慣性系の移動速度（すなわち，相対速度 v ）が含まれており，その観測値をそのまま移動系内の観測者が観測する速度と判断してはなりません．

逆に言えば，同じ条件下で飛ぶ同型のロケットの速度がそれぞれの系内でそれぞれ速さ v として観測されている時，静止系から移動系内に観測されるロケットの速さには必ず系間の相対速度が現れるために，速さ u として観測されるということになります．

2.4　ニュートンの運動方程式のガリレオ変換

ある慣性系に静座していて，自らは静止しており，観測される全ての力学現象がニュートンの運動の法則に支配されていると考える

ことができるのなら，その慣性系に対して一定速度で移動している他の慣性系内の観測者も暗黙裡に，自らは静止していると考え，観測される全ての力学現象はニュートンの運動の法則に支配されていると観測していなければなりません．このことは，ガリレオの相対性原理の要請するところとなります．

前節で説明されたガリレオ変換は，1つの静止系の時間及び空間と，他の移動慣性系内の時間及び空間との関係を与えるものでした．1つの静止系内で正しいと認められているニュートンの運動の法則を，ガリレオ変換を用いて他の移動慣性系内の運動の法則に変換するとき，変換された運動の法則は静止系に見るニュートンの運動の法則とまったく同じものとなっていなければなりません．そうでないのなら，静止系で見る力学現象と移動系で見る力学現象が，それぞれ異なる物理法則で表されることになり，両系内で観測される力学現象はまったく同じでなければならないとする相対性原理に反することになります．

静止系に静座していると自覚している私に対し，質点の運動の支配方程式（ニュートンの運動方程式）は，一般に次のように表されます．

$$ma = f \tag{10}$$

ここに，m は質点の質量，a は加速度，f は作用力を表します．

以下においては，私（観測者 A）に対して式（10）で表される運動方程式が，x 軸の正の方向に一定速度で遠ざかる移動慣性系内の観測者 A' の観測する空間や時間を用いて，いかような式形に変換されるものであるかを調べてみることにします．

このとき，私（観測者 A）が観測している移動系内の空間は，x 軸方向のみに相対速度 v を持つので，その方向に運動方程式がどのよ

うに変換されるかを調べてみます.

式(10)に示す加速度は, x軸方向に次のように表されます.

$$a_x = \frac{d^2x}{dt^2} \tag{11}$$

ここに, a_xは観測者Aの座すx–y系に対するx軸方向の加速度を表します.

式(11)に式(5)を代入し, 次なる関係式を得ます.

$$a_x = \frac{d^2x}{dt^2} = \frac{d^2x'}{dt'^2} = a_{x'} \tag{12}$$

ここに, $a_{x'}$は観測者A'の座すx'–y'系におけるx'軸方向の加速度を表します.

よって, 静止系内の私が測る空間や時間を用いて表す質点の加速度a_xと, 私から一定速度vでx軸の正の方向に移動している移動系内に静座している観測者A'が測る空間や時間を以て表される質点の加速度$a_{x'}$とは一致します.

ここで, 移動系内に静座する観測者に観測される力をf', 質量をm'($m'=m$)とするとき, 移動系内に静座する観測者A'に対するx'軸方向の運動方程式は, 式(10)より次のように与えられます.

$$m'a' = f' \tag{13}$$

式(13)に示す運動方程式は, 全ての変数が移動系で定義される変数(ダッシュの付いている物理量)を以て定義されたニュートンの運動方程式を表します. ここに, 移動系内で観測される全ての運動は, 静止系の場合と同様に, ニュートンの運動方程式に従うものであることが示めされました. よって, ガリレオ変換は, ニュート

ン力学に対する正しい相対性理論をなすと言えます.

地球上で，自らは静止系にいると自覚している観測者の目前に観測される全ての運動が，ニュートンの運動の方程式（10）で規定されるように，移動系内の観測者の目前に観測される全ての運動も，静止系とまったく同じニュートンの運動の方程式（13）で規定されることが示されました．また，静止系の観測者から眺めた移動系内の運動を，移動系内の観測者が眺めた様に書き表すには，式（5）～（7）で表わされるガリレオ変換を以て十分であることも示されました．

よって，これまでに見るように，静止系と見なす系に対しても，またそれに対して一定速度で移動している移動系に対しても，絶対静止空間やそれに付随する絶対速度という概念は，運動の記述にまったく必要とされません．1つの慣性系から観測される他の慣性系内の運動は全て相対的であり，互いの系間に現れる相対速度のみが変換則（式（5）～（7））に現れます．したがって，異なる慣性系間で観測される観測データを持ち寄り，いずれが絶対的静止した系であるかを調べようとしても，観測データにはそのようなことを示す片鱗さえも現れないことになります．

ここで，ニュートン力学に対する相対性理論とアインシュタインの相対性理論とを対比する目的から，観測される現象が電磁現象の場合について，少し触れておくことにします．いま，静止系内の観測者がその系内の光の速さを等方的で C と観測しているとき，移動系に静座している観測者もその移動系内に観測される光の速さを等方的で C と観測します．そのようなとき，静止系にいる観測者は，自らが発する光が移動系内の観測者にその系内で $C+v$ あるいは $C-v$ の速度となって観測されているものと判断します．この判断

は，一般の力学に対する速度の合成とまったく同じとなっています．

　このような考察に対し，アインシュタインによる相対性理論の構築の場合，理論構築の前提として光速度不変の原理が導入されるため，いかなる観測者に対しても光の速度は不変となって観測されなければなりません．したがって，上述の考察とアインシュタインの光速度不変の原理とは矛盾をきたします．

　静止系から移動系内の光の速度を眺めるとき，光の速度は変化して観測されます．しかしながら，両系内の観測者には光の速度がそれぞれ一定値となって観測されていなければなりません．そのような変換を可能ならしめ，またマクスウェルの電磁場理論をも両系内で全く同じものとして正しく変換するような変換則とはいかようなものなのか，そのことが後の章で議論されます．

3章　相対性理論の構築

　アインシュタインは,「光速度不変の原理」と「相対性原理」を導入することで,電磁現象に対する相対性理論を構築しています．アインシュタインが相対性理論の構築の際に導入した「光速度不変の原理」と「相対性原理」は,一方が絶対性を主張し,他方が相対性を主張するなど,互いに相矛盾する内容にあるといえます．このことが,アインシュタインの相対性理論に疑義を唱える意見の多くの指摘事項にもなっていますし,また相対性理論を理解する上で大きな障壁にもなっていたと言えます.

　マイケルソンとモーリーの実験において,光速度の変化が観測されなかったことの事実は,アインシュタインの相対性理論を以て説明されたことになっています.しかし,アインシュタインのように,相対性理論の構築に前提条件として「光速度不変の原理」を導入することは,本来説明すべき事柄を原理として先に導入する形になっており,本末転倒な展開と言えます．

　これに対し本書は,光速度不変の原理を導入することなく,相対性原理のみに拠って相対性理論の構築を目指します．その過程において,地球から観測される他の移動慣性系内の光速度は,ニュートン力学の場合の速度合成と同様に,系間の相対速度との合成速度となって現れると判断されます．

　1つの慣性系から他の移動慣性系内に見る光の速度が,系間の相対速度との合成速度として観測されるとする考え方は,アインシュ

タインの光速度不変の原理に反する形にあります．しかし，本書で展開される相対性理論においては，光速度不変の原理が導入されることはないので，そのことはまったく問題となりません．むしろ，ニュートン力学に対する相対性原理がそうであるように，1つの慣性系から観測される他の慣性系内の物理現象には，相対速度が現れて観測される事を当然とします．

物理現象に相対速度が現れて観測されている場合，静止系の観測者による観測値を移動系内に静座する観測者の観測値に正しく対応させるには，相対性原理に基づいて判断されなければなりません．そのような判断を可能ならしめるのが，相対性理論における変換則となります．

本書では，相対性原理のみに拠って相対性理論が構築されるため，問題は単純化され，また仮定と結果とが調和する形となります．したがって，アインシュタインの相対性理論へ投じられたような問題が発生することはありません．

「相対性原理」のみに拠って，矛盾のない相対性理論がいかように構築できるものであるかを，以下に順を追って説明します．その中では，これまでと同様に，地球を静止系と呼び，地球に対して一定速度で遠ざかる慣性系を移動慣性系あるいは単に移動系と呼ぶことにします．また，これまでと同様に，地球の自転を無視します．

3.1 アインシュタインの相対性理論の概要

アインシュタインは，1905年に提出した論文（特殊相対性理論）の序において，次のように述べています．以下，「アインシュタイン相対性理論，内山龍雄訳・解説，岩波文庫」より引用．

動いている物体の関与する電磁現象を，マクスウェルの電気力学を用いて説明しようとする場合——今日，われわれが正しいものと認めている解釈によれば——たとえば，あるニつの現象が本質的には同じものと考えられるにもかかわらず，その電気力学的説明には大きな違いの生ずるという場合がある．よく知られている例として，1個の磁石と，1個の電気の導体との間の電気力学的相互作用について考えてみよう．このとき導体内に電流が発生するという現象が観測される．この現象は導体の磁石に対する相対的運動だけによることが分かっている．

ところが電気力学による，普通よく知られている解釈によれば，磁石と導体のうちの一方が静止しており他が動いている場合と，これら両者の状態を逆にした場合とでは，電流発生に対する説明はまったく異なったものとなる．いま磁石は動いており，導体は静止しているとすれば，磁石の周囲には，あるエネルギーをもった電場が発生し，導体内の各点において，磁石は静止し，導体が動いているときは，磁石の周囲には電場は発生しない．しかし導体の内部には，電気の流れを引き起こす起電力が生まれる．この起電力自身には，他にエネルギーをあたえるという能力はないが，導体内に電流を発生させる．もしこれら二つの例で，導体の磁石に対する相対的運動が同じであると仮定するならば，はじめの例で，二次的に発生した電場の生み出す電流と，第2の例で，起電力が生み出す電流とは，その量においても，また流れの向きについても，まったく同じである．

上述の話と同じようないくつかの例や，"光を伝える媒質"に対する地球の相対的な速度を確かめようとして，結局は失敗に終わったいくつかの実験を合わせて考えるとき，力学ばかりでなく電気力学においても，絶対静止という概念に対応するような現象はまったく存在しないという推論に到達する．いやむしろつぎのような推論に導かれる．すなわち，どんな座標系でも，それを基準にとったとき，ニュートンの力学の方程式が成り立つ場合，そのような座標系のど

れから眺めても，電気力学の法則および光学の法則はまったく同じであるという推論である．この推論は1次の精度の正確さで，すでに実験的にも証明されている．そこでこの推論（その内容をこれから"相対性原理"と呼ぶことにする）をさらに一歩推し進め，物理学の前提としてとりあげよう．また，これと一見，矛盾しているように見える次の前提も導入しよう．すなわち，光は真空中を，光源の運動状態に無関係な，ひとつの定まった速さを持って伝播するという主張である．静止している物体に対するマクスウェルの電気力学の理論を出発点とし，運動している物体に対する，簡単で矛盾のない電気力学に到達するためには，これから展開される新しい考え方によれば，特別な性質を与えられた"絶対静止空間"というようなものは物理学には不要であり，また電磁気現象が起きている真空の空間の中の各点について，それらの点の"絶対静止空間"に対する速度ベクトルがどのようなものかを考えることも無意味なことになる．このような理由から，"光エーテル"とういう概念を物理学に持ち込む必要のないことが理解されよう．

　これから展開される理論では——他のどんな電気力学でもするように——剛体の運動学をその基礎とする．なぜならば，どのような理論でも，そこに述べられることは，剛体（座標系）および時計と電磁的過程との間の関係に関する主張であるからである．動いている物体の電気力学を考究しようとするとき，われわれが直面するいろいろの困難はすべて，上に述べたような事柄に対して，いままでに，十分な考察をしなかったことがその原因である．

　アインシュタインは，最初に，磁石と導体と間に現れる電磁現象を取り上げ，それに絶対静止や絶対速度という概念は全く関るものでなく，磁石と導体との間に存在する相対速度のみが電磁現象を決定付けるものであることについて説明しています．

　このことは，磁石と導体とがそれぞれに絶対速度を有すると仮定

したとしても，結局のところ，そこに現れる電磁現象には，磁石と導体との間に現れる相対速度のみが意味を持つということを説明しています．すなわち，絶対速度は有っても無くても，磁石と導体との間に現れる電磁現象には，全く無関係であると述べていることになります．

次に，アインシュタインは，ニュートン力学が成立するような慣性系のどれから眺めても，電磁現象を規定する物理法則は全く同じであると述べ，電磁現象は相対性原理に支配されると位置付けています．さらに，アインシュタインは，そうであることは，マイケルソンとモーリーの実験結果により支持されるとし，そのような事実を一歩進め，物理学の前提として「相対性原理」を取り上げようと宣言しています．

エーテルの存在を信じる絶対性論的な立場からは，電磁現象の一種である光の速度がいかような運動状態にある慣性系のどれから眺めてみても一定となっているとする想定は受け入れられるものではありません．それに対し，アインシュタインは，「相対性原理と一見，矛盾しているように見えるけれども，光は真空中を，光源の運動状態に無関係な，ひとつの定まった速さを持って伝播する」と主張し，これを，「光速度不変の原理」として，物理学の前提に取り上げようと宣言しています．

以上のような考察に従い，アインシュタインは，静止している物体に対するマクスウェルの電気力学の理論を出発点とし，運動している物体に対する，簡単で矛盾のない電気力学に到達するためには，「相対性原理」と「光速度不変の原理」という2つの前提を以って十分であるとしています．その結果，特別な性質を与えられた「絶対静止空間」というようなものは物理学には不要であり，また「光

エーテル」という概念を物理学に持ち込む必要は全くないと結論付けています.

地球上の我々は,地球が公転運動を行っているにも関わらず,自らはあたかも静止状態にあるかに自覚し,空間や時間を任意に決めています.そのように決めた,空間と時間を以て,身近に観測されるほとんど全ての力学的現象は,ニュートンの運動の法則で説明されます.

地球上の我々が,なんのためらいもなくそのように空間や時間を設定し,そして地球が動いていることを意識することもなく,目前の力学的現象を観測できるのなら,他の慣性系についてもまったく同様のことが言えるはずです.そうでないのなら,地球のみが力学的特権を与えられた特別な慣性系ということになり,地球のみが静止していると考えた天動説の再来を見ることになります.

ニュートンの運動の法則が成立する1つの慣性系に対して一定速度で移動する他の慣性系内でも,ニュートンの運動の法則がまったく同様に成立するものであることは,相対性原理に則りガリレオの変換則を以て説明されます.

これとまったく同じ観点に立って,光など電磁波の伝播現象を考えるとき,我々に感知できる光や電磁波も,地球が移動していることの事実をなんらその姿に表わすものではありません.実際に,我々に感知できる光が,地球の移動速度の影響を受けていることを示す有意な観測事例は皆無です.また,光など電磁波に関する全ての現象は,地球が静止していると想定した条件下で与えられるマクスウェルの電磁場の理論に従っていることも確かめられます.

電磁現象に対し,地球のみが特別な慣性系であるわけがないので,地球上で成り立つマクスウェルの電磁場理論は,他の慣性系でもま

ったく同様に成立しているはずです．また，地球人に対して等方的で一定値となって観測されている光の速さは，他の慣性系の観測者に対してもまったく同様に，どの方向にも（すなわち，慣性系の移動速度に関係なく）一定値となって観測されるものと想定されます．

アインシュタインは，こうした経験的事実と，地球上で光の速さの変化を観測しようとして失敗に終わったマイケルソンとモーリーの実験結果などを総合的に照らし合わせ，「光の速度は不変的なものと見なしてよいのではないか」との確信に至ったと言えます．

3.2 アインシュタインの光速度不変の原理に対する考察

均質で一様な宇宙空間を想定した上で，そこに光のみが伝播し，他の物質が何ら存在しないものと仮定すると，光はどの方向に対しても（等方的に），そしてこの宇宙の隅々にまでも，一定の速度で伝播するものと仮定できます．そのような状況下の光の速さを C と置くことにします．このとき，等方的に一定の速さで伝播する光の存在は，一様で等方的な宇宙空間の存在を示すことにもなります．

光が波の性質を持つのであれば，それが光源の速度に無関係に一定速度で伝播することは想定可能と言えます．このことは，日常的に観測される水の波や音波の場合，実験などを通じて容易に確かめることが出来ますし，理論的にもそのように説明されます．しかしながら，水の波や音波の場合，移動する観測者に対して，それらの波の速さは観測者の移動速度との合成速度となって観測されます．

例えば，走る人に対して真っ直ぐに伝播してくる水の波の伝播速度は，走る人からは，静止している場合に比較して速くなって観測されます．そのとき，自らを静止しているとする立場にある観測者には，波の速度が見かけ上速くなったと判断されます．

マイケルソンとモーリーの実験では，地球の公転軌道に沿う進行方向への光の伝播速度と，その方向と直交する方向に向かう光の伝播速度の違いが，距離測定時間の差となって現れるものと設定されました．しかしながら，彼らの実験結果は，光の速度が地球上でいかなる方向に対しても一定となっていることを示唆させるものでした．

　このような実験結果に対し，ローレンツの主張は，「地球の公転軌道の方向に空間が収縮し，動いている系の時間は静止系の時間に対して遅れる」と説明するものでした．また，そのような仮定を導入することで，マイケルソンとモーリーの実験結果や，マクスウェルの電磁場理論に対する正しい変換則が，説明可能であるというものでした．ローレンツのこのような主張は，まさしくエーテルの存在を信じる立場からのものと言えます．

　これに対し，アインシュタインは，光の速度が不変であることを物理学上の前提（すなわち，光速度不変の原理）として取り上げることで，相対性理論を構築し，その結果を以てマイケルソンとモーリーの実験結果は説明されるとしています．

　しかしながら，ここで良く見てみると，アインシュタインはすでに，以下のように述べています．

　… どんな座標系でも，それを基準にとったとき，ニュートンの力学の方程式が成り立つ場合，そのような座標系のどれから眺めても，電気力学の法則および光学の法則はまったく同じであるという推論である．この推論は1次の精度の正確さで，すでに実験的にも証明されている．そこでこの推論（その内容をこれから"相対性原理"と呼ぶことにする）をさらに一歩推し進め，物理学の前提としてとりあげよう．

ここに述べられていることは，相対性原理の導入であり，そのことを以って絶対静止空間の存在やエーテルの存在概念との決別を行うという宣言でもあると受け取れます．また同時に，いかような速度状態にある慣性系内の観測者に対しても，「光の速度は等方的で一定となって観測される」とする宣言が行われていることにもなります．したがって，相対性原理の導入に加え，光速度不変の原理を導入することは,蛇足的に同じ宣言を繰り返していることになります．

　アインシュタインは，1922年に日本を訪問した際，各地で講演を行っています．中でも，京都講演の内容は次のように要約されています．（アインシュタイン相対性理論の誕生，安孫子誠也著，講談社現代新書より引用）

　これまでの物理学の文献中にエーテルの存在証拠を見出せなかった．マイケルソンの実験結果は，エーテル流が存在しないことを気づかせ，相対性原理の道筋を開かせた．マクスウェル・ローレンツ方程式に相対性原理を適用し，「光速度不変の原理」を導いた．光速度不変の原理とニュートン力学の速度合成法則との矛盾は彼を悩ませた．この苦しみが彼を時間概念の修正へと導いた．

　「ある慣性系の観測者に観測されている物理現象は，その系に対して一定速度で移動している他の慣性系の観測者に対しても全く同様に観測される」このことは，相対性原理によって規定されます．したがって，相対性原理の下では，観測者が自らの座す慣性系から他の移動慣性系に観測位置を乗り替えたとしても，その観測者は以前いた系内で観察していたものと全く同じ現象を観測することになり，観測者にはどの系が本当に静止したものであるかどうかを判定することは不可能となります．

また，相対性原理によれば，ある慣性系内でマクスウェルの電磁場の理論が正しいとされるなら，その系に対していかような運動状態にある慣性系に対しても，その理論は正しいものでなければなりません．よって，静止系に対して正しいものとして導かれたマクスウェルの電磁場の理論は，相対性原理の下で，他の移動慣性系に対しても正しいものとなります．

　アインシュタインが，「静止系に対して導かれたマクスウェルの電磁場の理論に相対性原理を適用し，光速度不変の原理を導いた」とする旨の説明を与えているのは，「マクスウェルの電磁場の理論にローレンツ変換を施すと，移動慣性系に対しても全く同じ形の理論が現れ，その理論の中で係数として現れる光の速度は，静止系でも，また移動系にあっても，全く同じものであるという結論に至った」ということを意味しています．

　このことに関し，アインシュタインは，「マクスウェル・ローレンツ方程式に相対性原理を適用し，光速度不変の原理を導いた」と述べています．しかしながら，導かれたのは，「そうした変換則によって，相対性原理が成立していることが確認できた．その結果として，光の速度は，いかなる慣性系の観測者からも一定となって観測されることが示された」ということであったのではないかと思われます．

　次に，「光速度不変の原理とニュートン力学の速度合成法則との矛盾は彼を悩ませた．この苦しみが彼を時間概念の修正へと導いた」と，アインシュタインが述べていることについて考えてみます．

　例えば，系間に相対速度を有する2つの慣性系を考え，両系内で同じ石が同じ力で投じられる場合を想定します．ニュートン力学に対する相対性原理は，「石が飛ぶ様子は，それら両系内で，軌跡においても，また速度においても，観測者には全く同じとなって観測さ

れる」ことを要請します．しかしながら，そのような現象を1つの慣性系から他の慣性系内で生じている現象として観測すると，そこには必ず系間の相対速度が現れて観測されます．

第1章3節では，そのことが議論され，両系内の観測者に時速20km/sと観測されている質点の速度が，1つの慣性系から他の慣性系内の運動として観測される時には，70km/s（相対速度が 50km/sの場合）と観測されていなければならないというようなことが説明されました．

このように，それぞれの慣性系内の観測者に全く同じ現象として観測されているものが，他の慣性系内の現象として観測される場合，そこには系間の相対速度が現れてくるものであることは，相対性原理の教えるところとなります．

したがって，いかなる慣性系内の観測者に対しても一定となって観測されている光の速度であっても，それが他の移動系の現象として観測される場合，その速度には系間の相対速度が現れて観測されることになります．

アインシュタインは，理論構築の前提として，相対性原理のみでなく，光速度不変の原理をも導入しています．それがゆえに相対性原理と光速度不変の原理の共存の矛盾が現れ，自ら導入した前提条件に苛むこととなったのではないかと思われます．アインシュタインは，「この苦しみが彼を時間概念の修正へと導いた」述べています．

アインシュタインが行なった時間概念の修正は，以下のような結論をもたらしています．

「それぞれの慣性系で独立に設定される時間（局所時）は，相対性原理に基づき，全く同じものであるが，それらが1つの慣性系から他の系の時間として観測される場合，相対速度に依存し，異なる

ものとなって観測される」

　以上に述べた考察によると，相対性理論を構築するに当たって，相対性原理に加え，光速度不変の原理を導入することは全く必要ないものと結論されます．いかなる慣性系内の観測者に対しても，光の速度が一定となって観測されることは，相対性原理の下で演繹される相対性理論から，逆に保証されるものとなります．

3.3　時間の定義と離れた2点間における同時刻の定義

　アインシュタインによると，ある慣性系に静座する観測者に対する時間とは，その観測者の目前に静置された正確な時計が刻む時刻を以て与えられるものと定義されています．そのように定義される時間を観測者の見る宇宙の隅々までも適用するためには，その宇宙のいかなる場所に静置された時計も，観測者の目前の時計の時刻と合っていることが必要となります．

　このような時間の定義に従うと，ある慣性系に静座している観測者が，その系内に離れて静止した2点を任意に選定するとき，その2点に静置された時計の指す時刻がまったく同じであることを以て，その観測者の見る宇宙のすみずみまでも，1つの共通の時間が適用できていると判断されます．

　観測者に対して静止して離れた2点に置かれた時計が互いに同時刻であることは，それら2点間で共通の時間が設定されていることを意味します．しかし，遠く離れた2点に静置されたそれぞれの時計が同時刻を指していることを，我々はどうやって確かめることができるのでしょうか？

　そのために，光を用いることが選択されます．

ここで，ある慣性系内に静座している観測者が観測する宇宙空間において，光の速さはいかなる場所においても等方的に一定の速度で伝播するものと仮定します．そのような仮定の下では，その空間内のいかなる静止した長さも光を用いて測量することができます．

　観測者の静座する慣性系内に静止して離れた2点（点A及び点B）間の距離は，光の速さと測量に要した時間を用い，次のように測られます．

$$L = C \cdot (t_B - t_A) = C \cdot (t_{AA} - t_B) \qquad (1)$$

ここに，Lは2点AとBの間の距離であり，t_Aは光が点Aを出発した時に点Aに静置された時計が示す時刻，t_Bは光が点Bに到達した時に点Bに静置された時計が示す時刻であり，同時にそこから点Aに向けて光が反射された時刻を表します．t_{AA}は光が点Aに戻った時に点Aに静置された時計が示す時刻をも表します．また，Cは静座している観測者がその系内に測る光の速さを表します．

　光の速さがその慣性系内で等方的に一定値であるとする仮定の下で，その系内の2点間の距離が正しく測量されるためには，点A及び点Bにそれぞれ静置されている時計の"同時刻"が保証されている必要があります．すなわち，物の長さは，"同時に観測される長さ"として定義されます．

　よって，「光の速さは，2点間を行きと帰りで等しい」という条件下で，離れた2点における時計の同時刻が保証されかつ，正しく2点間の距離が測量されているためには，次なる関係式の成立が必要となります．

$$t_B - t_A = t_{AA} - t_B \qquad (2)$$

あるいは

$$t_B = (t_{AA} + t_A)/2 \qquad (3)$$

　したがって，互いに離れて静止した任意の２点間で，光が「行き」と「帰り」に要した時間が一致しているとき，その系内に静座している観測者は，その２点間の距離を正しく測量でき，その距離を $L = C(t_B - t_A)$，あるいは $L = C(t_{AA} - t_B)$ と測定します．互いに離れた２点間の空間がこのように測定される時に限り，空間は正しく測定されているものと判断されます．

　逆に，空間が正しく測定されているとき，その空間内の離れた２点に静置された時計は互いに合っている（静止した２点間の同時刻は確認できている）と判断されます．こうして，空間と時間は，光の速さを以て互いに結びつけられています．

　これらの関係式に従い，離れた２点間に静置された時計が同時刻を示していることの確認方法を，正しい時間設定のための１つの原理と考え，以下これを「同時刻の原理」と呼ぶことにします．また，同時刻の原理に基づいて調整された時計を「光時計」と呼ぶことにします．

　以上の説明は，ポアンカレによって厳しく問われていた「空間とは何か？」「時間とは何か？」「互いに離れた２点間の同時性とはどういうことか？」「何を以て空間や時を測るか？」などの問いに明確な回答を与えたことにもなります．

3.4　同時刻が成立しない場合における時計の修正法

　アインシュタインは，離れた２点に静置された時計の時刻が，互いに合っていない場合の時計の修正法について述べています．それ

によると，時計の修正は以下のように行われます．

- 互いに離れて静止している2点間（点A及び点B間）で，光が「行き」に要した時間と「帰り」に要した時間が等しくない．
- 光が点Aと点B間を，「行き」に要した時間と，「帰り」に要した時間との平均値を求める．
- これは，$(t_{AA}-t_A)/2$ で与えられる．
- 「行き」に要した時間 t_B-t_A が，光の行きと帰りに要した時間の平均値よりも大きいとき，点Bの時計の時刻を遅らせるように調整する．
- 遅らせる量 Δt は，「行き」に要した時間 (t_B-t_A) と平均時間 $(t_{AA}-t_A)/2$ との差で与えられる．このとき，点Aの時計は，それを基準時にするために触らない．
- したがって，修正された点Bの時計の指す正しい時刻 t'_B は，

$$t'_B = t_B - \Delta t = t_B - \left[(t_B-t_A)-(t_{AA}-t_A)/2\right] \quad (4)$$

よって

$$t'_B = (t_{AA}+t_A)/2 \quad (5)$$

として与えられる．

こうして修正された後の点Bにおける時計の指す新しい時刻は，平均時間と一致し，互いに離れた2点間の同時刻の原理により，2点A及びBに静置された時計が互いに合っていることが示されます．時間の修正において，なぜ平均時間を考えるのかについては，後に説明することにします．

ここで，実際に数値を用いて時計の修正について説明することにします．

まず，観測者に対して静止している離れた2点間の測量の際に，

光の到達時間が

$$t_A = 0, \quad t_B = 3s, \quad t_{AA} = 5s$$

と観測されたと仮定します．

このとき，光が行きに要した時間は $t_B - t_A = 3s$ であり，帰りに要した時間は $t_{AA} - t_B = 2s$ と与えられます．したがって，光が行きと帰りに要した時間が異なるので，2点に置かれた時計は同時刻を示していないことになり，2点間で時計が正しく調整されていないことになります．

光が行きと帰りに要した時間の平均値は，$\bar{t} = (3+2)/2 = 2.5s$ と与えられます．点Bに光が到達したことを示す点Bの時計は，$t_B = 3s$ であることを示しているので，点Bにおける時計が $\Delta t = t_B - \bar{t} = 0.5s$ だけ進んでいることになります．

したがって，点Bの時計は，正しい時刻 $t'_B = 3 - 0.5 = 2.5s$ へと修正されます．これにより，点Bの時計の指す時刻が平均時刻と同じになることを確認できます．

以上によって，時計の修正が正しく行われたことになります．

3.5 マイケルソンとモーリーの実験の目的

ある速度を持って宇宙空間内を移動している慣性系の1つと仮定される地球上に座す我々は，その系内で光の速さを暗黙裡に一定と仮定し，系内の空間や時間を設定しています．このようなとき，絶対静止点に静座する観測者から，「実は，地球は静止しているのではなく，ある速度で移動している．したがって，地球上に静座している観測者は，光の速度を地球の移動速度との合成速度として観測していなければならない」と教えられたとします．

地球が絶対静止状態にないことを知っていながらも，そのことを

忘れ，光の速さは一定であることを暗黙裡にしてきた地球人に対し，光の速さが方向によって変わることは，光を用いた測量の根拠を揺るがし，空間及び時間の設定根拠，さらには静止空間に対して構築されたマクスウェルの電磁場理論の成立根拠すらも揺るがすことになります．

絶対静止空間に静座する観測者が教える「光の速さの方向による変化」を，地球上の観測者は観測可能であろうか？すなわち，地球の絶対速度の存在を，我々は観測可能であろうか？この問いに答えるために，マイケルソンとモーリーの実験が準備されたと言えます．

マイケルソンとモーリーの実験では，「地球の公転方向に軸を持つ剛体棒の長さと，それに直交する方向に軸を持つ同じ長さの剛体棒を，光を用いて測量する際に，方向によって光の速さが異なっているため，それぞれの棒の測量に要した時間は異なっている」と想定されていました．

しかしながら，すでに説明したように，実験結果は，時間差がほぼゼロであることを示し，地球上の観測者に対して，光の速さは方向に拠らないことを示唆させる内容でした．アインシュタインは，そうした実験結果をさらに押し進め，光の速さが不変であることを，1つの原理として導入した上で相対性理論を構築し，それによってマイケルソンとモーリーの実験結果が説明されるとしています．

アインシュタインによる「光速度不変の原理」の導入は，議論の目的を手段化した形にあり，本来説明しなければならない事を，原理として先に導入するものなっています．以下の議論においては，相対性原理のみに拠って相対性理論を構築し，それに基づいてマイケルソンとモーリーの実験結果を説明することにします．

3.6 地球上に静座する観測者の空間と時間

1つの慣性系と見なせる地球上に静座する観測者は,地球が絶対静止状態にないことを当然としながらも,あたかも絶対静止状態にあるかに自覚し,さらに光の速さを等方的で一定値"C"と見なした上で,観測される空間や時間を設定しています.時間については,観測者自身の持つ時計を基準として,同時刻の原理に基づき,空間内の全ての地点で時計が正しく設定されていることを暗黙裡としています.

地球上に静座するそのような観測者に対し,空間を特徴付ける剛体棒の長さ L と,それを測量するに要した時間 t との関係は,光の速さを C とするとき,いかなる方向に静置された棒に対しても,次のように与えられます.

$$L = Ct \tag{6}$$

このとき,地球上に静座している観測者は,自ら設定した時間を用いて式(6)に則り,空間を表す座標に目盛を付すことができ,また時間をも全ての地点で設定できます.

このように,地球人が自らは絶対静止状態にあると暗黙裡に認識し,光の速さを等方的と見なした上で設定する空間と時間を,それぞれ地球人に対する空間及び時間と呼ぶことにします.式(6)に用いられている t 及び L は地球上の観測者に観測される時間及び空間の長さであることに注意が必要です.

ある方向に一定速度で移動していると仮定される地球上で,光の速度がどの方向にも一定となって観測されているとする仮定は,例えば,地球上で一定の力で投じられる石がいかなる方向にも同じように飛んで観測されるとするニュートン力学における仮定と同じとなります.

3.7 相対性原理の導入

　前節においては，地球人が暗黙裡に自らは絶対静止状態にあると自覚して設定する時間や空間，そして光の速度が定義されました．相対性原理によると，地球人がそのように設定することが可能なら，地球に対して一定速度で移動している天の星の星人も空間や時間，そして光の速度を地球人とまったく同様に定義しているものと想定されなければなりません．

　したがって，地球人が，地球から一定速度 v で遠ざかっている慣性系内に，観測位置を乗り換えたとしても，その地球人は，以前に地球上で見たものとまったく同じ空間や時間をその系内に観測し，光の速さを地球上と同様に等方的な速さ C と観測します．また，その移動系内から地球を観測すると，地球が観測者に対して一定速度 v で遠ざかっているのが観測されます．

　このようなとき，移動系内の観測者は，その移動慣性系から地球に向けて発射された光の速さを，地球上の観測者が系間の相対速度との合成速度として観測しているものとし，その値を $C-v$ と判断します．それとは逆方向に伝播する光に対しては，地球上の観測者に $C+v$ の速さとなって観測されているものと判断します．

　地球人が先の慣性系から地球に戻り，逆に移動慣性系内の様子を観測すると，その移動系が一定速度 v で地球から遠ざかるのが観測されます．このとき，地球からその移動慣性系に向けて発射された光の速さは，移動系内の観測者に対しては系間の相対速度との合成として現れ，$C-v$ となって観測されているものと判断されます．逆に，先の光の進行方向と逆方向に進む光の速さは $C+v$ となって，移動系内の観測者に観測されているものと判断されます．

　したがって，地球人とそれに対して一定速度で遠ざかる慣性系内

の星人とが，それぞれの系内でそれぞれに観測したデータを持ち寄って，いずれの慣性系が絶対的に静止したものであるかを判定しようとしても，そのようなことは不可能な事となります．

　以上の説明が，相対性原理の意味する所となります．ここに導入した相対性原理の本質的な内容は，第2章でニュートン力学に導入された相対性原理とまったく同じと言えます．

　地球上とそれに対して一定速度で遠ざかる慣性系内で，それぞれ光の速さが一定値 C となって観測されると設定されていることが，アインシュタインの光速度不変の原理の導入と同じ意味をなすと誤って解釈されることが考えられます．しかし，ニュートン力学でも同じことが行われたように，それぞれの系内で観測される現象が，まったく同じものとなっていなければならないことは相対性原理の要請となります．

　これに対し，アインシュタインの光速度不変の原理が理論構築の前提として導入されるのなら，他の系内に光の速度が $C-v$ や $C+v$ となって観測されるとする判断は許されず，全ての状況において，光の速度は一定値となって観測されると判断されなければなりません．この点が，本書の主張と異なる所となります．

　アインシュタインは，相対性理論を構築する上で「相対性原理」と「光速度不変の原理」の導入を以て十分とし，一見それらが矛盾するかに見えるが，それらは共存するものであることを理論構築の過程で示しています．しかしながら，それらの原理の存在は，互いに相矛盾する立場にあることは否めません．

　以下に示す相対性理論の構築においては，アインシュタインが導入した光速度不変の原理を一切必要としません．光速度が，いかような慣性系内でも，その系内に静座する観測者から一定値となって

観測されることは，相対性原理のみから説明されることになります．

3.8 地球上に静座する観測者の見る移動慣性系内の空間・時間・光の速さ

　地球上に住む地球人は，地球もある一定速度で宇宙空間を移動している慣性系の１つであることを本当のところは知っています．しかしながら，地球人は，自らはあたかも静止空間に住む住人であるかに意識し，光の速さを等方的で一定値 C と見なした上で，空間内の測量を行い，また離れた２点間で同時刻を刻むように時間を設定しています．

　すなわち，地球上の住人は，静止している空間内の任意の地点に静置された時計が観測者の時計に合っており，空間は静止した３次元直交座標を用いて定義付けられ，その静止座標の軸の目盛は光を用いた測量によって付す事が可能であると考えています．

　地球に対して一定速度で遠ざかる慣性系内に，その星の星人が設定する空間や時間を，地球人が地球から観測している様子を，図‐１の楕円内に示します．このとき，地球と移動慣性系間の相対速度を v で表します．また，移動慣性系の移動方向は x 軸の正の方向にあるとします．

　相対性原理によれば，地球上に静座する地球人が，暗黙裡に自らは静止状態にあると自覚することが許されるならば，地球に対して一定速度で遠ざかる星の住人も，地球人とまったく同様に，その星に静座して，自らは静止状態にあると認識していることになります．したがって，星人は，地球人とまったく同様に，光の速さは等方的で一定値 C を取るものと考えた上で，その系内の空間と時間を設定していることになります．

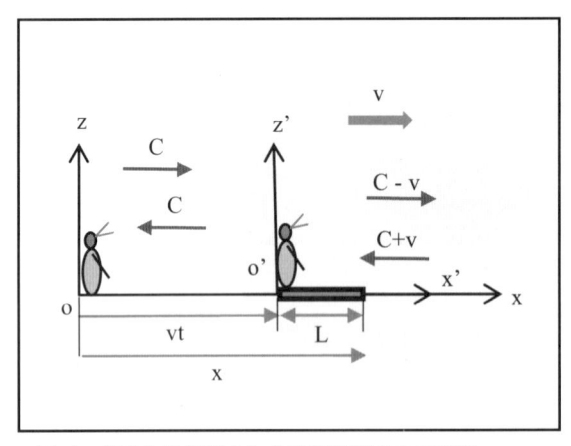

図-1　地球から観測される移動慣性系内の空間
　　　及び時間，そして光の速さ

　このとき，地球上の観測者は，地球から移動慣性系に向けて発射した光の速さが，移動慣性系内に静座している観測者に，系間の相対速度との合成速度 $C-v$ となって観測されているものと判断します．逆に，この現象を移動慣性系内の観測者から見ると，地球が一定速度で遠ざかり，その移動慣性系から地球に向けて発射された光の速さは，地球人に，系間の相対速度との合成速度 $C-v$ となって観測されているものと判断されます．したがって，1つの静止系から他の移動系の光の速さを観測すると，そこには系間の相対速度が現れ，光の速さが変化して観測されることになります．

　エーテル説では，「移動慣性系内の観測者が，自らは絶対静止状態にあると認識し，光の速さを暗黙裡に等方的で一定値と観測している」というような仮定の導入は不可能となります．そうした考えがマイケルソンとモーリーの実験に対する前提条件となっていました．

観測者のいる系内で発射される光の速度が，その系内の観測者に等方的で一定値となって観測されなければならないとする相対性原理の前提条件は，エーテル説を支持する立場からは受け入れられるものではありません．したがって，我々はここに，エーテル説を捨て，相対性原理を電気力学が成立するための前提として導入することになります．

地上に静座している観測者が正しいと認めている空間と時間の関係は，式（6）に従い，棒の軸をどの方向に置いた場合に対しても，次のように表されます．

$$t = \frac{L}{C} \tag{7}$$

ここに，L は，地球上の観測者が目前に静止している棒の軸方向長さを測定した際の値を表します．時間 t は，地球人が自らは静止状態にあると暗黙裡に認識して設定した時間を表します．

以下では，静止系と見なす地球から，光を用いて移動系内の空間の長さを遠隔測量する際に，その移動系内に観測される時間及び空間について検討します．

1）地球人が遠隔的測量によって観測する移動慣性系内の移動方向の距離及び時間

図‐1 に示すように，地球に対して一定速度で（x 軸に沿い，その正の方向に）遠ざかる慣性系に向けて光を発射し，移動慣性系内の空間や時間を，地球上の観測者が遠隔的に測定することを考えます．地球に対して一定速度で移動する移動慣性系内の空間や時間を地球上の観測者が移動系内に静座している観測者の立場になって観測し，移動慣性系内の観測者に直に観測されている実際の空間や時

間との関係を求めることが，相対性原理に基づく変換則を導くことになります．

相対性原理に従うと，地球上の観測者は，「地球に対して一定速度で遠ざかる慣性系に向けて光を発射すると，その光の速度を，移動慣性系内の観測者は系間の相対速度vとの合成速度 $C-v$ として観測している」ものと考えます．また，そのような光と逆の方向に進む光の伝播に対しては，「合成速度が $C+v$ となって観測されている」ものと想定します．

したがって，地球上の観測者が，移動慣性系内に静止して離れた2点（x'軸上に静止している2点）を考え，移動慣性系内の観測者の立場になって，その移動系内に想定している光の速さを用いて2点間の距離を測量すると，2点間を光が行きに要した時間及び帰りに要した時間が，次のように与えられます．

行きに要した時間：t_1

$$t_1 = \frac{L_x}{C-v} \qquad (8)$$

帰りに要した時間：t_2

$$t_2 = \frac{L_x}{C+v} \qquad (9)$$

ここに，L_x は，地球上の観測者に観測される移動慣性系内に静止して離れた2点間の距離を表します．この長さは，地球上の観測者が遠隔的に観測している長さであり，移動慣性系内の観測者に直接観測されている長さでないことに注意を要します．

このような地球人による遠隔的な測量では光の速度が方向により異なり，静止した2点間を光が行きと帰りに要した時間が異なることになります．したがって，観測している移動慣性系内に静止して

いる2点間で同時刻が成立していないことになります．よって，地球人が移動慣性系内に想定している時計は，その2点間で正しく調整されていないことになります．また，離れて静止している2点間で同時刻が成立していないということは，観測している移動系内の空間の長さも正しく測量されていないことを意味します．

したがって，地球人は，本章第4節で述べた同時刻の原理に基づく時計の修正方法に従い，移動慣性系内に想定している時計の調整を行なった上で，距離の測量をもやり直さなければなりません．

時計の修正方法に従うと，光の行きと帰りの時間の平均値が，次のように与えられます．

$$\bar{t} = \frac{(t_1 + t_2)}{2} = \frac{CL_x}{C^2 - v^2} \tag{10}$$

ここに，$\bar{t}$ は平均時間を表します．

このとき，平均時間に対応する光の平均速度 $\bar{C}$ は，次のように与えられます．

$$\bar{C} = \frac{(C-v)+(C+v)}{2} = C \tag{11}$$

よって，同時刻の原理に則って時間修正を行うことは，光の速度として平均光速度を用いることを意味し，結果としてその際の光の速さは地球上の光の速さと同じものとなります．その結果，「電磁現象は両系でまったく同じように観測されなければならない」とする相対性原理の要請に沿う形となります．

時計の修正方法に従い，光の「行き」に要した時間 t_1 と平均時間 $\bar{t}$ との差が次のように与えられます．

$$\Delta t = \frac{L_x}{C-v} - \frac{CL_x}{C^2-v^2} = \frac{vL_x}{C^2-v^2} \tag{12}$$

この結果より，光が行きに要した時間が，次のように修正されます．

$$t'_1 = t_1 - \Delta t = t_1 - \frac{vL_x}{C^2 - v^2} \tag{13}$$

ここで，測定時間に式（8）で求めた値を代入すると，次式が与えられます．

$$t'_1 = \frac{L_x}{C-v} - \frac{vL_x}{C^2 - v^2} = \frac{CL_x}{C^2 - v^2} \tag{14}$$

すなわち，光が行きに要した修正後の時間は，平均時間に一致し，正しく時計の調整が行われたことを確認することができます．

ここで，式（13）を次のように少し変形しておきます．

$$t'_1 = \frac{1}{C^2 - v^2} \left\{ \left(C^2 - v^2\right) t_1 - vL_x \right\} \tag{15}$$

ここに，次なる関係を導入します．

$$L_x = x - vt_1 \tag{16}$$

よって，次式が得られます．

$$t'_1 = \frac{C^2}{C^2 - v^2} \left(t_1 - \frac{vx}{C^2} \right) \tag{17}$$

あるいは

$$t'_1 = \frac{1}{1 - v^2/C^2} \left(t_1 - \frac{vx}{C^2} \right) \tag{18}$$

式（10）から式（18）に至る過程は，次のようにまとめられます．

地球人が，移動系内の x' 軸に沿って静止している2点間の長さを移動系内に静座している観測者の立場になって測量するとき，移動系内に想定している光の速度が異なるため，2点間の測量に要した

時間は光の行きと帰りで異なります．すなわち，2点間で同時刻が成立していません．移動系内に静座している観測者は，地球人が通常行うように，目前に静止している2点の距離を，剛体定規を用いて測ることができます．このとき，物の長さが正しく測られるためには，測ろうとする2点で定規の目盛が同時刻に読まれる必要があります．同時でなければならない理由は，剛体定規の目盛りを測定される物の一端に当てようとするとき，剛体定規のゼロ点が測る物の始点から移動してしまうという可能性を排除するためです．

以上に示すように，地球から移動系内の静止した2点間を遠隔測量するときには，その2点で同時刻が成立していないため，正しく2点間の距離が測定されていないことになります．

その結果，地球人は，いま観測している2点間で同時刻が成立するように2点間の時計の調整を行う必要があります．移動系の座標原点に置いてある時計を基準として，離れた2点間で同時刻となるためには，式(18)に示すように時間調整が必要となります．式(12)あるいは式(18)は，2点間の距離に応じて補正時間も大きくなる事を示しています．

移動系内の x' 軸に沿って静止している2点間の距離を，地球人が遠隔的に測量する場合，2点間で同時刻が成立せず，したがって正しい距離の測量もできていません．その結果，移動系内に観測していた長さ L_x も正しい長さを表しません．また，移動系内の2点で時間の調整が必要であるということは，地球人の時間と移動慣性系の座標原点に地球人が観測している時間も異なっている可能性を示唆させます．

2) 移動慣性系の移動方向と直交する方向に行われる測量

　地球上の観測者の目前（地球上の座標原点）に静置してある時計の指す時刻と，地球上の観測者に遠隔的に観測される移動慣性系内の原点に静置してある時計の指す時間との関係を見出すため，図-2に示すように，鉛直方向（z軸に平行）に立てた棒の長さの測量を考えることにします．

　いま，地球上で鉛直方向に立てた棒の長さが，地球上の観測者に長さL_{oz}として観測されているとします．地球上でそのように観測される棒と同じものを，移動慣性系内の観測者の目前に立てたとき，移動慣性系内の観測者も地球人とまったく同様に，その棒の長さを$L_{oz'}$と観測します．このとき，$L_{oz'} = L_{oz}$が成立しています．こうしたことは，相対性原理が要求するものです．

　そのような状況下で，地球上の観測者が移動慣性系の座標原点に鉛直に静置してある棒を遠隔的に測量することを考えます．地上の座標原点に静座している観測者が，移動慣性系内に静置してあるその棒の長さを測定しようとすると，その棒は移動慣性系と共に地球から遠ざかるため，地球上の観測者は光を鉛直方向でなく斜め方向に発射します．このとき，地球上の観測者から移動系内に立てた棒の長さがL_zと観測されているとします．

　地球人は，上述のような工夫によって，移動系内のz'軸に平行な方向に光を伝播させることができ，移動慣性系内の観測者の立場になって移動系内に鉛直に立ててある棒の測量が可能となります．このとき，地球人が測量に用いている光の伝播速度は，明らかに地球上で用いている光の速さと異なっています．図-3に示すように，この時の光の速度は，ベクトルで表すと，Cベクトルからvt_1ベクトルを差し引いたベクトルとして表されます．

3章 相対性理論の構築 | 63

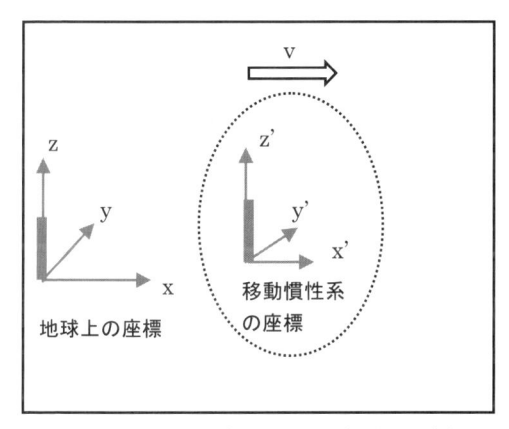

図 - 2　地球上の座標と移動慣性系内の座標

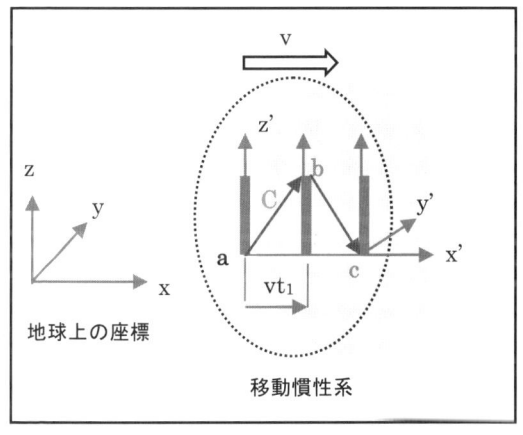

図 - 3　移動慣性系内に鉛直に立てた棒の測量

今，地球上の観測者が移動系内の棒の底面から天端までを測量するのに，時間が t_1 かかったとします．地上から発射された光が棒の天端の鏡に反射されて再び棒の底面に到達する時間を t_2 とします．

図から分かるように，この測量では棒の底面と天端との間を，光が行きと帰りに要した時間は等しいものとなっています．したがって，地球上の観測者が観測する移動系内の時計は，移動慣性系内の鉛直座標（すなわち z' 座標）の方向に離れた2点間で同時刻となっており，その方向に時間を正しく設定していることになります．よって，地球人は，移動系内に静止している物の両端を同時に観測していることになり，長さの測量が正しく行われている事になります．

　移動慣性系は地球の x 軸に沿って相対速度 v で地球から遠ざかっており，地上から発射された光が棒の底面を出発して天端に到達するまでに，移動系と棒は x 軸に沿って vt_1 だけ移動することになります．また，地球から発射された光が図中の a 点から b 点まで到達するに進んだ距離は Ct_1 で与えられます．したがって，直角三角形の辺の長さの関係より，次の関係式が与えられます．

$$(Ct_1)^2 = L_z{}^2 + (vt_1)^2 \tag{19}$$

よって，次なる関係が得られます．

$$t_1 = \frac{L_z}{\sqrt{C^2 - v^2}} \tag{20}$$

　したがって，地球人が移動系内に立てた棒の長さを測量する時には，その移動系内の光の速さを

$$C' = \frac{L_z}{t_1} = \sqrt{C^2 - v^2} = \sqrt{1 - v^2/C^2} \cdot C \tag{21}$$

として観測していることになります．この速さは，先に述べたように，C ベクトルから vt_1 ベクトルを差し引いたベクトルの大きさを表します．

　これに対し，移動慣性系内の観測者が目前に静止している棒の長

さ $L_{oz'}$ を直に測量するに要する時間 t'_1 は，相対性原理に則り，次のように与えられます．

$$t'_1 = \frac{L_{oz'}}{C} \tag{22}$$

この場合，当然ながら光の速さは C となります．

　移動系内に離れて静止している2点間（z' 軸上の2点間）の長さを，地球人が地上から遠隔的に測量する時，そこに観測される時間はその2点間で同時刻を示しています．しかし，地球人にそのように観測されている（見かけ上の）時間と，実際に移動系内に静置してある時計の示す時間とがまったく同じものとなっているかどうかは，まだ調べられていません．

　ここで，地球人が移動慣性系内に観測している時間 t と，移動慣性系内の z' 軸に沿って実際に静置してある時計の指す時間 t' との関係が，次のような関係で与えられると仮定します．

$$at' = t \tag{23}$$

　式（20）及び式（22）で与えられる時間を式（23）に代入し，次式を得ます．

$$\frac{L_z}{\sqrt{C^2 - v^2}} = a \frac{L_{oz'}}{C} \tag{24}$$

よって，次なる関係式が得られます．

$$L_z = a\sqrt{1 - v^2/C^2}\, L_{oz'} \tag{25}$$

　これは，地球に居る地球人が，移動慣性系内に静置してある鉛直棒の長さを遠隔的に測量した時の長さ L_z と，移動慣性系内の観測者が，それを直に観測した時の長さ $L_{oz'}$ との関係を表します．この関係を1つの系から他の系への長さの変換とみると，次なる関係が移

動系の観測者より与えられます．

$$L_{oz} = a\sqrt{1-v^2/C^2}\, L_z \qquad (26)$$

よって，地球上から移動慣性系へ，そして移動慣性系から地球上へと変換を繰り返すと，次式が与えられます．

$$L_{oz} = a^2\left(1-v^2/C^2\right)L_{oz'} \qquad (27)$$

これより，次なる関係が与えられます．

$$a = \frac{1}{\sqrt{1-v^2/C^2}} \qquad (28)$$

これを式（23）に代入し，次なる関係が与えられます．

$$t = a t' = \frac{1}{\sqrt{1-v^2/C^2}} t' \qquad (29)$$

あるいは

$$t' = \sqrt{1-v^2/C^2}\, t \qquad (30)$$

この関係式は，地球にいる地球人が移動系内の時間として観測している見かけ上の時間 t と移動系内の観測者が直に観測している時間 t' との関係を与えます．この関係式より，移動系内の観測者に観測されるその系内の時間は，地球人が観測する見かけ上の時間よりも遅れていることが分かります．

このような時間の関係式の存在下で，移動慣性系内の観測者が，自ら発射する光を用いて鉛直方向に空間の長さを直に測量する場合と，地球人が移動系内の鉛直長さを遠隔的に測量する場合の距離との関係は，次のように与えられます．

まず，移動系内の観測者が自ら発する光の速さは，相対性原理に

従い，等方的な速さ C で与えられます．したがって，式 (30) で与えられる時間内に測定された長さは，次のように与えられます．

$$L_{z'} = C \cdot \sqrt{1 - v^2/C^2}\, t \tag{31}$$

これに対し，地球上の観測者がそれを遠隔的に測量しているときの見かけ上の長さは，式 (20) より次のように与えられます．

$$L_z = \sqrt{C^2 - v^2}\, t = C \cdot \sqrt{1 - v^2/C^2}\, t \tag{32}$$

よって

$$L_{z'} = L_z \tag{33}$$

が与えられます．

すなわち，移動系の移動方向に直交する軸方向の空間の長さは，地球上から遠隔的に測量した場合であっても，また移動系内の観測者が直にその系内で測量した場合であっても，まったく同じ長さとして測量されていることになります．また，時間については，その方向の全ての点で同時刻が成立しているものの，時間の進み方については，式 (30) で与えられるような関係となります．このように，時間の進み方に違いが現れるのは，地球人が移動系内の測量に用いている光の速さが式 (21) で与えられ，地球上の光の速さよりも遅くなっていると判断されていることによるものです．

3）地球からの遠隔測量によって移動系の移動方向に測られる移動系内の空間の長さ

前節までの議論や式 (13) より，移動系内の x' 軸方向の長さの遠隔測量の際に，地球上の地球人が測る見かけ上の時間 t と，移動系内の観測者にその系内で直に観測される時間 t' との関係は，次のよ

うに与えられます．

$$t' = \frac{1}{a} t = \sqrt{1-v^2/C^2}\left(t_1 - \frac{vL_x}{C^2-v^2}\right) \tag{34}$$

図‐1に示すように，移動系内の x' 軸方向（移動系の移動方向）に静止している2点間の長さは，地球からの遠隔測量によると，距離 L_x として測量されています．また，その測量に地球人が要した時間は，式（8）で与えられるため，その値を式（34）に代入し，次式を得ます．

$$t' = \sqrt{1-v^2/C^2} \cdot \left(\frac{L_x}{C-v} - \frac{vL_x}{C^2-v^2}\right) \tag{35}$$

この式は，地球人が移動系内の測量に要した時間と，それを移動系内の観測者が直に測量した場合の時間との関係を表します．

移動慣性系内の観測者に観測される光の速さは，相対性原理により C と設定できるので，それを式（35）の両辺に乗じて，次なる関係を得ます．

$$C \cdot t' = \frac{1}{\sqrt{1-v^2/C^2}} \cdot L_x \tag{36}$$

左辺に示す量は，移動慣性系内の観測者にその系内で直に観測される静止した2点間の距離であり，次のように表されます．

$$L_{ox'} = C \cdot t' \tag{37}$$

よって，次なる関係式が得られます．

$$L_x = \sqrt{1-v^2/C^2}\, L_{ox'} \tag{38}$$

この式は，地表から地球人が移動系内に観測する見かけ上の空間の長さ L_x （移動慣性系の移動方向の長さ）と，移動系内の観測者に

それが静止して直に観測される時の空間の長さ $L_{ox'}$ との関係を示します．よって，地球人が観測している移動系内の見かけ上の空間の長さ L_x は，移動系内の観測者がその系内で実際に観測する空間の長さ $L_{ox'}$ よりも短くなっていることになります．

式（38）より次式が与えられます．

$$L_{ox'} = \frac{1}{\sqrt{1-v^2/C^2}} L_x \tag{39}$$

ここで，図－1を参考に，次なる関係を導入します．

$$L_x = x - vt \tag{40}$$

よって，次ぎなる関係式が得られます．

$$L_{ox'} = \frac{1}{\sqrt{1-v^2/C^2}} (x - vt) \tag{41}$$

以上の議論により，地表に静座する地球人が，遠隔測量によって移動慣性系内に観測する見かけ上の空間や時間と，移動慣性系内に静座する観測者が，その系内で直に設定する実際の空間や時間との関係が全て導かれました．その結果をまとめると，以下のようになります．

$$t' = \frac{1}{\sqrt{1-v^2/C^2}} \left(t - \frac{vx}{C^2} \right) \tag{42}$$

$$x' = \frac{1}{\sqrt{1-v^2/C^2}} (x - vt) \tag{43}$$

$$y' = y \tag{44}$$

$$z' = z \tag{45}$$

ここに，ダッシュの付く変数は，地球上に設定された座標の x 軸に沿って，地球から一定速度 v で遠ざかる移動慣性系内の観測者が，自らは静止しているものと考え，直にその系内で観測する空間座標 (x', y', z') と時間 t' を表します．これに対し，ダッシュの付いていない変数は，地球上の座標原点に静座する観測者がそれらを遠隔的に観測した際の空間座標 (x, y, z) と時間 t，そして速度を表します．

これらの変換式は，第1章6節で説明したローレンツの変換則と一致します．

3.9 相対性原理に基づく相対性理論の物理的考察

直接的に実験によって確かめることのできる事実のみが物理学の本質であるとしたニュートンの思想を超え，アインシュタインの相対性理論は，我々の経験的知識やニュートン力学からは想定さえもできないような物理学的世界観を与えます．それがゆえに，アインシュタインの相対性理論は，物理学に一つの革命をもたらしたと言えます．

以下においては，アインシュタインの相対性理論を通じてはじめてその本質が説明可能となる現象の例をいくつか挙げることにします．

1) マイケルソンとモーリーの実験結果に対する考察

アインシュタインのように，物理学の前提として相対性原理を導入する立場からすると，地球という一つの慣性系内に座す観測者には，いかなる方向にあっても光の速度は一定となって観測されてい

なければなりません．したがって，マイケルソンとモーリーの実験の前提は相対性原理により，完全に否定されることになります．

当然ながら，マイケルソンとモーリーは，絶対静止空間の存在やそれに付随する絶対速度，あるいはエーテルの存在を信じる立場にありました．マイケルソンとモーリーは実験に際して，光の行きと帰りに時間差が現れることを明示しています．こうして行きと帰りとに時間差が現れることは，静止して離れた2点間で時間の同時刻が成立していないことを意味します．したがって，マイケルソンとモーリーは，時間の定義に関する考察が必要であったと言えます．

我々が物の長さを認識するためには，長さを測ろうとする方向に物の両端が同時に観測されている必要がありますが，2点間で同時刻が成立していないとなると，長さの測量は意味をなさないことになります．

2点間で同時刻が保証されるように2点間の時計を修正するとき，そこに観測される長さは，慣性系の移動方向に収縮して観測されることが，式 (38) で示されました．このように空間が収縮して観測されることは，光の速度に変化が生じていることによるもので，空間や時間の収縮は光速度の変化の具体的な現れと言えます．

当然ながら，マイケルソンとモーリーに光の速度が変化して観測される訳ではありません．マイケルソンとモーリーには，いかなる光の速度も等方的で一定となって観測されなければなりません．しかし，第5節で仮定したように，彼らに「光の速度が変化している」と提言した絶対静止系の観測者からは，他の移動系内に見える光の速度がそのように変化して観測されていなければならないということを，ここでは光が変化して観測されると説明しています．

時計の修正方法に基づき，調整された時間を以てマイケルソンと

モーリーの実験の前提条件を再整理すると，そこには光の速さが等方的で一定値 C となっていることが示されます．したがって，マイケルソンとモーリーの実験に，光の速さの差は一切現れるものでないことが示されます．

以下に，そのことを具体的に計算してみることにします．

まず，相対速度の方向の 2 点間の長さに関して，次なる関係が与えられます．

$$L_{ox'} = \frac{1}{\sqrt{1 - v^2/C^2}} L_x \tag{46}$$

また，その際の測量時間は，式 (35) より，次のように与えられます．

$$t' = \frac{1}{C\sqrt{1 - v^2/C^2}} \cdot L_x \tag{47}$$

ここに，左辺にダッシュの付く変数は，同時刻を保証するように時間調節した後の時間や長さを表し，L_x は光の速度が変化していると想定している観測者（マイケルソンとモーリー）に観測される長さを表します．

結局のところ，光の速さは，相対速度の方向に，次のように与えられます．

$$\frac{L_{ox'}}{t'} = \left(\frac{1}{\sqrt{1 - v^2/C^2}} \cdot L_x \right) \bigg/ \left(\frac{1}{C\sqrt{1 - v^2/C^2}} \cdot L_x \right) = C \tag{48}$$

同様に，相対速度と直交する方向に伝播する光の速さも，一定値 C となることが以下のように示されます．

2 点間の測定時間は，式 (30) より

$$t' = \sqrt{1 - v^2/C^2}\, t \tag{49}$$

2点間の距離は，式（33）より

$$L_{z'} = L_z = C \cdot \sqrt{1 - v^2/C^2}\, t \tag{50}$$

よって，光の速度が，相対速度の方向と直交する方向に，次のように与えられます．

$$\frac{L_{z'}}{t'} = \left(C \cdot \sqrt{1 - v^2/C^2}\, t \right) \Big/ \left(\sqrt{1 - v^2/C^2}\, t \right) = C \tag{51}$$

したがって，相対性原理に拠る相対性理論によれば，地球上で光の速度差を感知可能であると想定したマイケルソンとモーリーの実験の前提条件として与えられた理論的予測値には，明らかに誤りがあったと結論付けられます．

その主要因は，光の速度が異なっていると想定されている場合における同時刻に対する吟味の欠如にあったと言えます．また，地球上で2方向に設置された距離は，地球上に静止したものであり，相対性原理によれば，相対速度の現れないそのような問題に対して，光の速度は何らの変化も見せないことになります．マイケルソンとモーリーの実験結果は，逆に，そのことの事実を示すものであったと結論されます．

2) 同時刻の係る問題，ロケットを結ぶ赤い糸

地球上の観測者に対して同距離にある2台のロケットが，地球上のx軸に平行に一定の速度でまったく同時に飛行し出したと仮定します．その様子を静止系と見なす地球から観測していると，ロケットの発射時に，2台のロケットは質量のない赤い糸で互いに固く結

びつけられているのが見えたと仮定します.

　この問題は, 真空中における架空の問題として想定されているので, 噴射等何らかの擾乱で糸が切れることはないものとします. また, 2台のロケットの速度はまったく同じであるとします. そのような問題設定に対し, ロケット間の赤い糸は未来永劫切れずにそのままにあるかどうかの判定を行います.

　当然ながら, このような条件設定に対して,「赤い糸は切れる」とする判断は, 常識的に生まれるものではありません. 通常の常識では,「切れない」と判断されるはずです. なぜなら, ニュートン力学によると, 切れる要素が見いだされないからです. しかし, 結論から言えば,「切れる」のです.

　以下に, この問題の解答を相対性理論に拠って説明します.

　まず, 式 (42) より, ロケットの操縦者らの時間が, 次のように表されます.

$$t' = \frac{1}{\sqrt{1 - v^2/C^2}} \left(t - \frac{vx}{C^2} \right) \tag{52}$$

いま, x 軸に平行な方向にあるロケット間の長さが地上の観測者に長さ L と観測されているとします. このとき, 先頭側のロケットに対して, $x = L$, $t = 0$ と置くことにします. 同様に, 後方のロケットに対しては, $x = 0$, $t = 0$ と置くことにします. これらを式 (52) に代入すると, パイロットに対して, 先頭のロケットの時間が

$$t'_A = \frac{1}{\sqrt{1 - v^2/C^2}} \left(0 - \frac{vL}{C^2} \right) \tag{53}$$

後方のロケットの時間が

$$t'_B = \frac{1}{\sqrt{1-v^2/C^2}}(0-0) = 0 \tag{54}$$

と与えられます.

したがって,地上の観測者が,2台のロケットは同時に発射したと観測したとしても,パイロット間では

$$t'_A = \frac{1}{\sqrt{1-v^2/C^2}}\frac{vL}{C^2} \tag{55}$$

だけ,先頭のロケットが先に出発していたと説明されます.すなわち,パイロットによると,ロケットを繋ぐ赤い糸は出発時にはすでに切れていたと説明されます.

ここに説明されるように,地球上で同時と観測される現象であっても,それが高速で移動するものであるとき,それは見かけ上の判断であって,一般には同時ではないことが示されます.こうして,通常の経験に基づくと当たり前のことが,相対性理論では当たり前でないということになります.

ここに再度,先に説明したマイケルソンとモーリーの実験結果を説明すると,地球人の経験則のみに拠って,移動する系内の物理現象を検討しようとしたところに問題があったと言えます.こうして,相対性理論は,我々の経験知を超えた理論的予測を与えます.

ロケットを繋ぐ赤い糸の問題と同様に,同時刻が係る問題として,次のような問題もしばしば話題となります.

図‐4に示すように,地球上の水平な床に,直径10cmの穴が開いているとします.また,その傍らに長さ10.05cmの剛体定規が静置されています.そのような時,剛体定規が光の速さに近い速さ(一定速度)で床をすべって移動したとします.このとき,相対静原理

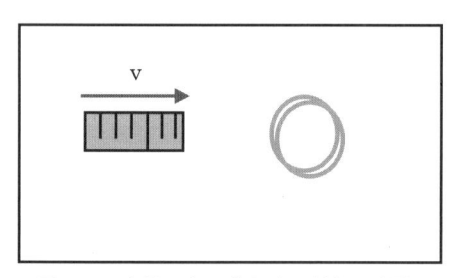

図 - 4　定規は穴に落ちるかどうかを問う問題

によれば，穴の傍に静座している観測者にはその剛体定規の長さが縮んで観測されます．したがって，「定規は穴に落ちる」と判断されます．しかし，逆に剛体定規の上に静座し，自らは静止していると考えている観測者は，穴の開いた床が自分の方向にすごい速さで近づいて来たと観測します．このとき，穴の直径は移動方向に縮んで観測されます．したがって，定規の上に座す観測者は，「穴の径が小さく，定規は穴に落ちない」と判断します．こうして，両観測者の見解は全く異なるものとなります．さて，両観測者の主張の内で正しい判断はいずれでしょうか？

　正解は，「いずれの観測者の説明も誤り」です．両者ともに，自ら観測する移動系の長さをそのまま正しい長さと判断したところに問題があります．これまでに議論されたように，静止系と設定される観測者が，移動系内の長さを観測するとき，そこに観測される長さは見かけ上の長さであって，正しくは相対性理論に拠って判断されなければなりません．

　静止系から観測される移動系内の長さ（見かけ上の長さ）と，移動系内で直に観測される実際の長さとの関係は式（39）で与えられます．したがって，いずれの観測者も自らの観測値が見かけ上のも

のであることを認識し，式 (39) に則って，移動系内の長さを判断すべきであったと結論付けられます．このような判断に基づく長さは，いずれの場合にも，目前に静止して観測された時の長さが与えられ，「定規は穴に落ちない」と判断されることになります．

これまでの考察によると，観測者に対して相対速度を有する物体の長さやそれに拘る時間を観測したとしても，そこに観測されている長さや時間は見かけのものであり，正確には相対性理論に則り，その物体に対して静止している観測者の測る量として換算されて判断される必要があると言えます．

3）地表上で観測されるミューオン

地表上 20km 程度上空の大気圏に宇宙線が突入し，空気に衝突する際にミューオンが発生すると言われています（例えば，相対性理論 30 講，戸田盛和著，朝倉書店）．ミューオンを地球上で静止した状態で観測すると，その半減期は $1.5\mu s$ 程度と観測されます．したがって，ミューオンが光の速さ C と同じ速さで進んでいると仮定しても，それの移動可能距離は，次のように 450m 程度であることが示されます．

$$z' = C \cdot t' = 3.0 \times 10^8 m \times 1.5 \times 10^{-6} s = 450 m \tag{56}$$

すなわち，地表上 20km 上空で発生したミューオンが地表上で有意なものとなって観測されることは困難と判断されます．しかしながら，地表上ではこれが観測されています．このことを，先に求めた相対性理論に基づいて以下に説明します．

まず，ミューオンが 20km を進行するにかかったと地球上で観測された時間は見かけ上の時間であって，ミューオン自身に対しては実

際には式（30）に則りそれよりも短い時間となります．さらに，地球上で20kmと観測されている距離は，光速度に近いスピードで飛んでいるミューオンに対しては，式（38）に則り，地球人の観測距離よりも短いものとなります．こうした時間と距離の短縮効果が，20kmもの移動距離を可能ならしめたと判断されます．

　ここに示される事例から判断されるように，地球上の地球人に対して一定速度で移動する移動系内の力学現象や電磁現象を観測するとき，我々は，観測された空間や時間をそのまま移動系内の実際の空間や時間と判断してはならないことになります．地球から観測される空間や時間は見かけ上のものであって，移動方向に対して空間が収縮し，時間は実際の時間よりも相当進んで観測されていることに注意しなければなりません．

　アインシュタインの一般相対性理論では，このことがさらに加速度や重力の存在する場に対して拡張され，地球上の観測者が観測する空間や時間をそのまま加速度や重力が無い時の空間や時間と判断してはならないということが導かれています．その結果によると，地球人には，加速度や重力の存在する空間が，歪んだ状態となって観測され，時間も変化したものとなって観測されます．

　そのような空間を移動する光は，地球上の観測者からは，その速度が変化して見えることになります．そのような光速度を用いて，重力場の存在する空間を測量する際に現れる時間の同時刻を保証すると，地球人は，歪んだ空間を観測し，時間も進んだ状態で観測しているという実態が浮かび上がってきます．すなわち，光速度の変化は，空間と時間からなる四次元空間の歪み（あるいは，曲率）となって観測されることになります．

　アインシュタインの一般相対性理論によると，遠い星から発せら

れる光が太陽の近くを通過し地球にたどりついているとき,地球人には太陽の重力場の周りの空間が歪んで観測されているため,実際の位置を正しく観測していることにはなりません.すなわち,遠い星の位置を観察し,いま観測している星の位置に必ずしも実際の星が存在すると考えてはならないことになります.実際には重力で曲げられた空間の先にその星が位置するものであることが一般相対性理論で説明されます.すなわち,相対性理論によると,一定速度で移動している物体に対しても,加速度や重力が存在する空間内での電磁波に対しても,地球から観測される空間や時間が見かけ上のものとなっていることが示されます.

4) 速度の合成

ニュートン力学に対するガリレオの相対性理論からの類推によると,地球に対して一定速度vで遠ざかる慣性系内に静座している観測者が,その系に対して一定速度v'で遠ざかる物体を観測している時,地球人は移動慣性系内のその移動物体を,地球から一定速度$u=v+v'$で遠ざかるものと観測するはずです.

しかしながら,式 (42) 〜式 (45) に示す変換則によると,その合成速度は次のように与えられます.

$$u = \frac{v+v'}{1+vv'/C^2} \tag{57}$$

この式の導出はいろいろな解説書で見いだされますので,ここでは結果のみを示すにとどめます.

地球上から,移動慣性系の飛行物体の速度がこのように単なる合成速度となって表れないことの理由は,すでに見るように,地球上の観測者が移動系内に見る空間や時間が見かけ上のものであり,実

際のそれらと異なることによるものです.

仮に，$v=C$ 及び $v'=C$ となるような場合であっても，式 (57) に示す合成速度は次のように与えられます.

$$u = \frac{C+C}{1+C^2/C^2} = C \tag{58}$$

したがって，地球人の観測する合成速度は，光の速さ C を超えられないことが示されます．観測される移動物体の速度にこのような上限があるのは，移動物体の観測に光が用いられていることによるもので，光の速度よりも速い物体を，光を用いて観測することが不可能であることによるものです．

5) 浦島太郎効果

地球上で互いに時間調整した後，地球上から発射されたロケットに乗って一定速度で飛行しているパイロットは，式 (30) や式 (42) に基づき，地球に住む観測者の時間よりも時間が遅れた環境下にあります．したがって，長い年月を経た後にロケットが地球に戻り，互いが再会することを想定すると，ロケットのパイロットは，地上の観測者を見て，まさしく浦島太郎の様を見ることになります．すなわち，式 (30) によると，地球上に残った観測者は，ロケットのパイロットよりも齢を取っていることになります．このような効果は「浦島太郎効果」と呼ばれています．

ここに現れる浦島太郎効果は，当初，双子のパラドックスという問題点を伴っていました．双子のパラドックスとは，双子の内の片方が地上に残り，もう片方がロケットで飛行していることを想定すると，ロケット内の観測者が地上の観測者を見る時，ロケットでなく，地球こそが一定速度で移動していると主張し，地球に残った者

の時間こそが遅れていなければならないと主張することを意味します．

　この問題は，ロケットが地球から発射され，そしてUターンという過程を経てロケットが地球に戻ることから，明らかに一定速度で飛行したのはロケットであると判断され，結局，ロケットの観測者の時間が遅れるということで問題が決着したことになっています．

　しかしながら，相対性理論は，あくまでも観測者が互いの観測位置を入れ換えた時，それぞれの観測者に現れる現象は以前とまったく同じであることを，相対性原理として理論構築する際の前提条件にしています．したがって，相対性理論から言えば，双子のパラドックスは支持される内容にあると言えます．地球を基準に据え，ロケットのみが移動しているとする設定は，相対的な議論ではなく，むしろ地球を基準とする絶対的な立場からの主張と言えます．

　このような立場に立つと，基準点となる地球上からロケットが加速され，一定速度で旅をした後に，再び地球上に戻ったというような説明が可能となります．このとき，双子のパラドックスは解消されることになります．

　また，このような考え方によれば，この宇宙がビッグバンによって現れたとした場合，宇宙に対して唯一的な立場を取ることが許されます．そうであるとき，ビッグバン後にその中心部にほぼ静止した状態で残る物質と，宇宙の膨張と共に移動し続ける物質とには年齢の差が現れ，宇宙の境界部付近には中心部よりも若い物質が観測され続けるのではないかとの想像が生まれます．もっとも，宇宙の果てをさまよう物質からは，逆に，中心部と設定している箇所こそが移動していると主張されることになります．しかし，爆発という現象の存在が，それらの違いを分けることになります．

特別な媒質を必要とせず,そして光など電磁波の速さよりも速いものがこの世に見出されるならば,それを以て同時刻の原理に基づき時間を設定でき,また空間を特徴付ける座標軸に目盛を刻むことも可能となります.そのようなことが可能であるとき,光を追い越すことも可能となり,タイムトラベル的なことが可能になると考えられます.しかし,光よりも先は闇で,そこにいかような世界が広がっているものかは想像さえもできません.また,光が電波と時間の経過により拡散していく様子を考えると,タイムトラベルは実現しそうにありません.

6) マクスウェルの電磁場理論の変換

式(42)〜(45)に示す変換式が,マクスウェルの電磁場理論をどのような形に変換するものであるかを調べてみます.ここでも結果のみを示しておきます.以後の式展開は,中学の数学のレベルを超えるので,読み飛ばしてもさしつかえありません.あるいは,式形のみを眺めておく程度で良いと思われます.

地球上の空間及び時間を用い,真空の空間に対するマクスウェルの電磁場理論は,例えば,次のような形にまとめられます.

$$rot\, \mathbf{E} = -\mu_0 \frac{\partial \mathbf{H}}{\partial t} \tag{59}$$

$$rot\, \mathbf{H} = -\varepsilon_0 \frac{\partial \mathbf{E}}{\partial t} \tag{60}$$

$$div\, \mathbf{E} = 0 \tag{61}$$
$$div\, \mathbf{H} = 0 \tag{62}$$

ここに,$\mathbf{E}$は電場の強さ,$\mathbf{H}$は磁場の強さ,ε_0及びμ_0はそれぞれ真空中の誘電率及び透磁率を表します.

ここに，真空中の光の速さが次のように定義されます．

$$C = \frac{1}{\sqrt{\varepsilon_0 \mu_0}} \tag{63}$$

式 (59) 〜 (63) の間系式より，次に示す電磁波の方程式が得られます．

$$\left(\nabla^2 - \frac{1}{c^2}\frac{\partial^2}{\partial t^2}\right)\mathbf{E} = 0 \tag{64}$$

$$\left(\nabla^2 - \frac{1}{c^2}\frac{\partial^2}{\partial t^2}\right)\mathbf{H} = 0 \tag{65}$$

これらの方程式形は，波の伝播を規定し，一般に波動方程式と呼ばれます．波動方程式においては，係数 C が，波の伝播の速さを表します．

光も電磁波の一種とされるので，その伝播は，空間が真空の仮定の下に，式 (64) 及び式 (65) に示す波動方程式に規定されます．

これらの波動方程式に式 (42) 〜 (45) に示す変換式を適用すると，以下の関係式が得られます．

$$\left(\nabla'^2 - \frac{1}{c^2}\frac{\partial^2}{\partial t'^2}\right)\mathbf{E}' = 0 \tag{66}$$

$$\left(\nabla'^2 - \frac{1}{c^2}\frac{\partial^2}{\partial t'^2}\right)\mathbf{H}' = 0 \tag{67}$$

ここにダッシュの付く変数は，移動慣性系内の物理量を表します．これらの結果は，電磁波の速さ（すなわち，光の速さ）が，地球上

でも移動系内でも等しく C となることを示しています．

　こうして，移動慣性系内の空間及び時間に対しても，マクスウェルの電磁場理論は，地球人が設定する理論とまったく同じ形式のものとなることが示されます．

　相対性原理は，地球上であっても，また地球に対して一定速度で移動する移動慣性系内であっても電磁現象はまったく同じでなければならないことを要請していました．これらの関係式は，相対性原理の下で演繹された変換則が，電磁現象に対して正しい変換式を与えていることを示しています．また，その結果として，光の速度は，地球上でも，また移動慣性系内であってもまったく同じものとして観測されることが示されます．

　以上のことから，一般力学及び電磁現象のいずれにおいても，物理現象は相対性原理によって説明でき，そこには絶対静止空間や絶対速度という概念は一切現れません．したがって，一般力学及び電磁現象を取り扱う物理学に，絶対静止空間や絶対測度という概念を持ち込む必要はまったくなく，これらの現象が全て相対性理論によって説明されると結論付けられます．

　相対性理論においては，静止系とそれに対して移動する慣性系のいずれに対しても，普遍的なものとなって表れているのは，それらの系内で物理現象を支配するニュートンの運動の法則やマクスウェルの電磁場理論など，「物理法則」ということになります．

7) 物質の質量とエネルギー

　式（42）〜（45）に示す変換式の下に，質量は次のような変換を受けます．

$$m' = \frac{1}{\sqrt{\left(1 - \frac{v^2}{C^2}\right)}} m \tag{68}$$

ここに，m は物体が地上に静止しているときの質量，m' はその物体が等速度 v で移動している時の質量を表します．

式（68）は，ある慣性系に対して相対速度を有する物質は，その慣性系に対して，慣性質量が増えて観測されることを表しています．

ここで，次なる近似を利用します．

$$\frac{1}{\sqrt{\left(1 - \frac{v^2}{C^2}\right)}} = 1 + \frac{1}{2}\frac{v^2}{C^2} - \cdots \tag{69}$$

式（69）を式（68）に代入し，次式が得られます．

$$m' \approx m\left(1 + \frac{1}{2}\frac{v^2}{C^2}\right) \tag{70}$$

この関係式は，質量の変化がニュートン力学で定義される相対速度の持つ運動エネルギーからの寄与であることを示しています．したがって，質量とエネルギーとは等価と考えることができます．

エネルギーについては，次のように変換されます．

$$m'C^2 = \frac{1}{\sqrt{\left(1 - \frac{v^2}{C^2}\right)}} mC^2 \tag{71}$$

ここに示されるように，観測者に対して，相対速度を有する物質の質量が，運動エネルギーを介して，質量の増加となって観測者に

観測されるとする予測は，ニュートン力学からは想像し得ないことであり，相対性理論の素晴らしさをここに改めて教えられます．

3.10 地球上から観測される移動慣性系及び加速度や重力を伴う系内の空間と時間

これまでもそうであったように，1つの慣性系を単に地上の空間に置き換えているにすぎないことに注意を要します．本節も，中学程度の数学力を以て理解できるという内容にはありません．したがって，ここでは，言葉の説明を読む程度で良いと思います．

さて，これまでの議論は加速度や重力を考慮しない特別な場合に対するものでした．アインシュタインは，慣性質量と重力質量が同じであるとする等価原理と一般相対性原理を導入し，一般相対性理論を完成させています．

アインシュタインテンソルを用いるとき，リーマン幾何学で表わされる空間の曲率は，次のように表されます．

$$G_{\mu\nu} = -\kappa T_{\mu\nu} \tag{72}$$

ここに，$G_{\mu\nu}$ はアインシュタインテンソル，$T_{\mu\nu}$ はエネルギー・運動量テンソルを表します．

アインシュタインの一般相対性理論では，係数 κ は定数とされ，弱い重力場に対して次のように与えられています．

$$\kappa = \frac{8\pi G}{C^4} \tag{73}$$

ここに，G は万有引力定数を表します．

これまでに議論された加速度の効果を考えない移動慣性系の相対速度の存在効果は全て，光の速度を変化させ，その事実は，地球上の観測者に時間軸まで含めた4次元の時空間の収縮となって観測さ

れることが示されました．

これに対し，重力場など加速度を伴う系は，4次元のリーマン幾何学を以って表わされる時空間の曲率となって観測されます．したがって，一般力学及び電磁力，そして重力を伴う場を統一的に議論する場は，リーマン幾何学を以て表わされる4次元の時空間の収縮や曲率として現れることになります．

3.11 おわりにあたって

以上に説明されるように，並進速度の存在や，重力及び加速の存在を，観測者は空間や時間の短縮あるいは曲率として観測しているという事実，それらの存在が時間をも変化させること，そしてさらに，質量とエネルギーの等価性などの予測は，ニュートン力学やガリレオの相対性理論からは，真に想像さえもできない物理的世界観にあると言えます．アインシュタインの相対性理論が知的財宝と言われるゆえんは，まさしくここにあると言えます．

内山龍雄博士の言葉，「このような素晴らしい財宝が作られた時代に幸運にも居合わせながらも，その噂だけを耳にし，その中身が何たるかをまったく知らずに過ごすことは，まことに残念である」という意味がまさしく理解できたのではないかと思います．

アインシュタインは，光速度が不変であることを一つの原理として導入し，その上で相対性原理が成立するものであるとしています．このように，アインシュタインが光速度不変の原理を導入することに至ったのは，当時のエーテル説の議論にアインシュタインも少なからず引き込まれていたこと，そしてエーテルの呪縛から抜け出すには，あえて光速度不変の原理を打ち立てることが必要であったのではなかろうかと推測されます．

聖書によると，神は，最初に「光あれ：Let there be light」と言われたとされています．光の速度に不変性を唱え，この宇宙をなす空間や時を測る尺度に光をあてがおうとする精神は，光に対する人々の特別な世界観から生じたものでなかろうかとも思えてきます．ここで，神に仮託するならば，神の頭の中にあるのが相対性原理であり，光は神の発した言葉と言えます．

　相対性原理は，想定する2つの系において，電磁現象がそれぞれの系内の観測者にまったく同一となって観測されることを要求します．これは，光など電磁現象に対して特別に要求されるものでもなく，一般の力学においても，相対性原理は，1つの系で観測される物理現象がそのまま他の慣性系内でもまったく同様に観測されることを要求します．

　これまで，アインシュタインの相対性理論は，「光速度不変の原理」と「相対性原理」という，相対峙する二つの原理の下に構築されてきました．それがゆえに，その理論の理解には様々な工夫を必要としてきました．

　本書では，アインシュタインが導入した「光速度不変の原理」を理論構築の過程から取り払い，「相対性原理」のみに立脚して相対性理論を構築しました．そのことで，「相対性原理に拠る相対性理論」という単純な関係が成立し，その理解も容易なものとなったのではないかと思います．

　本書に触れることで，若者達が科学の世界に引き込まれ，基礎科学の持つ魅力，そして思考することの重要さに目覚めて行くことを期待いたします．また，人類の慧智が未来永劫に亘って引き継がれて行くように，今世紀初頭に起きた大震災に見る大津波の恐ろしさが，子々孫々に伝えられて行くことを願って止みません．

著者略歴

仲座　栄三（なかざ　えいぞう）

昭和 33 年　沖縄県宮古島にて生まれる
昭和 60 年　琉球大学工学部助手
平成 8 年　同学部助教授
平成 18 年　同学部教授
平成 20 年－22 年　琉球大学島嶼防災研究センター長
平成 22 年－現在　琉球大学　学長補佐
著書『物質の変形と運動の理論』（ボーダーインク，2005）
　　『新・弾性理論』（ボーダーインク，2010）

相対性原理に拠る相対性理論
Relativity

発　　行	2011 年 8 月 1 日初版
著　　者	仲座　栄三
発行者	宮城　正勝
発　　行	ボーダーインク

　　　〒902-0076　沖縄県那覇市与儀 226-3
　　　電話 098(835)2777　FAX 098(835)2840

印　　刷　でいご印刷

© NAKAZA　EIZO 2011, PRINTED IN OKINAWA